“十四五”普通高等教育本科部委级规划教材

手绘服装效果图：

马克笔、彩色铅笔混合着色表现技法

（第2版）

高岩　著

中国纺织出版社有限公司

内 容 提 要

本书是作者通过多年教学实践，总结出的一套简单易学的着色方法——马克笔、彩色铅笔混合着色法。书中以图文结合、图例为主的方式，直观展示了学习手绘服装效果图的要点和解决方法，步骤翔实，易学易懂。全书内容包括服装效果图概述，服装人体表现技法，服装表现技法，马克笔、彩色铅笔混合着色基本表现技法，不同类型服装效果图步骤详解及表现实例，面料图案和质感表现技法六大部分。在此基础上，书中设置“服装快速表现技法”一节，将企业设计师的表达方式传递给读者，有利于读者掌握快速表达设计构思的方法。

本书附有大量高水准图例，以便更加直观、详尽地为读者提供学习参考，既可以作为高等院校服装设计专业教材，也可以作为服装设计师及服装爱好者的自学用书。

图书在版编目（CIP）数据

手绘服装效果图：马克笔、彩色铅笔混合着色表现技法／高岩著. --2版. --北京：中国纺织出版社有限公司，2023.3

“十四五”普通高等教育本科部委级规划教材

ISBN 978-7-5229-0339-2

Ⅰ. ①手… Ⅱ. ①高… Ⅲ. ①服装设计—绘画技法—高等学校—教材 Ⅳ. ①TS941.28

中国国家版本馆CIP数据核字（2023）第023305号

责任编辑：张晓芳　　责任校对：高　涵　　责任印制：王艳丽

中国纺织出版社有限公司出版发行
地址：北京市朝阳区百子湾东里A407号楼　邮政编码：100124
销售电话：010—67004422　传真：010—87155801
http://www.c-textilep.com
中国纺织出版社天猫旗舰店
官方微博 http://weibo.com/2119887771
北京华联印刷有限公司印刷　各地新华书店经销
2015年6月第1版　2023年3月第2版第1次印刷
开本：889×1194　1/16　印张：14
字数：220千字　定价：79.00元

第2版前言

手绘服装效果图是表现服装创意和记录灵感的载体，是表达设计的一种语言，是每个设计师必须掌握的基本技艺。本书从基本概念、人物造型、服装造型到着色技法等几个方面进行介绍，其中重点和难点部分予以步骤详解。本书有以下几个特点：

1. 着色方法简单，易于掌握

书中采用独具特色的简单着色方法，即马克笔、彩色铅笔混合着色法。强调混合着色的概念，发挥马克笔与彩色铅笔互混的作用，表现效果可简可繁，表现力丰富。一般来说，在马克笔教学中，都会安排如何运笔、如何排线的章节，甚至作为重点，学习起来难度大，学生不易掌握，致使很多人望而却步。此方法中，不需要任何运笔技巧和复杂的笔法，只是平涂即可，在此基础上，通过彩色铅笔勾画影调即可完成，易学习、便于操作。

2. 结合企业需要，强调实用性

传统手绘追求完整深入地表达着装效果（此类效果图需要大量时间，更适合学生参赛投稿、时装定制业务等），而这种追求完整、逼真的效果图，在数字化时代更适合用计算机软件表现。而用于记录灵感、设计思维推进的服装快速表现，更切合当下的企业需求。本书中加入“服装快速表现”内容，将企业设计师的表达方式传递给读者。其从简化人物形象、简要表达面料外观等方面，结合图例进行分析。此方法有利于设计师快速表达设计构思，非常实用。

3. 结合数字化教学，形式直观

教材的受众是初学者，给予其直观的讲解，教学效果会事半功倍。本书针对学习重点、难点，学生们普遍存在的问题，录制讲解和演示视频，便于读者自学。

4. 画风实用，不随性

书中范例中规中矩、严谨、准确、不呆板，以便学生日后可以把自己的个性融入其中，避免有些书籍当中画风随性、个性突出，致使学习效果出现千人一面的局面。

高岩

2022年12月

第1版前言

手绘服装效果图是表现创意和记录灵感的载体，是表达设计的一种语言，是每个设计师必须掌握的基本技艺。

马克笔和彩色铅笔具有快速高效、携带方便的优势，对于当代设计师来说，可以省略烦琐的调色环节，大大节约作图时间，降低对作画者美术功底的要求。

本书着重介绍了一种着色方法，即马克笔、彩色铅笔混合着色法。通过作者多年的实践，在使用了多种着色工具后，逐渐发现通过马克笔、彩色铅笔的结合使用，既可以简单地快速表现，也可以深入细致地刻画，表现力丰富，而且易于掌握。克服了以往用水粉、水彩着色，难学、难掌握的弊端；弥补了只用马克笔或只用彩色铅笔着色，画面单调、不饱满的遗憾。

此种方法涉及两种工具。一种是彩色铅笔，从小人们就会使用。另一种是马克笔。一般来说，在马克笔教学当中，都会安排如何运笔、如何排线的课程，甚至将其作为重点，学习起来难度大，学生不易掌握，致使很多人望而却步。而本书的方法不需要任何运笔技巧和复杂的笔法，只是平涂即可，易于学习、便于操作。

本书有以下几个特点：

1. 形式直观，表现过程细致

书中图例较多，形式直观。步骤图详细、步骤统一、浅显易懂，使学习者思路明确，能快速掌握该方法的规律；文字少而精，重点突出，便于读者尤其是初学者自学。

2. 结合企业需要，强调实用性

从服装企业实际需要出发，书中人物动态的选用多以实用、突出服装款式为前提；书中既有深入刻画，也有简练速画，为读者提供了较全面的表达方式。

3. 画风实用、不随性

书中范例中规中矩、严谨、准确、不呆板，以便学生日后可以把自己的个性融入其中。避免有些教材中画风随性、个性突出，致使学习效果出现千人一面的局面。

高岩

2015年1月

教学内容及课时安排

章/课时	课程性质/课时	节	课程内容
第一章 （4课时）	基础理论 （4课时）		• 服装效果图概述
		一	什么是服装效果图
		二	学习过程中的常见问题
第二章 （24课时）	专业知识及 专业技能 （140课时）		• 服装人体表现技法
		一	人体局部刻画
		二	人体比例及不同姿势的表现
第三章 （32课时）			• 服装表现技法
		一	服装廓型和细节的表现
		二	视平线与服装形态表达
		三	以服装决定人体角度和动态
		四	服装的线条与影调
		五	服装款式图的表现
第四章 （8课时）			• 马克笔、彩色铅笔混合着色的基本表现技法
		一	马克笔、彩色铅笔混合着色法的概念及特点
		二	马克笔、彩色铅笔混合着色法的基础知识
第五章 （40课时）			• 不同类型服装效果图步骤详解及表现实例
		一	女性服装表现技法
		二	男性服装表现技法
		三	儿童服装表现技法
第六章 （36课时）			• 面料图案和质感表现技法
		一	面料图案表现技法
		二	面料质感表现技法
		三	服装快速表现技法

注 各院校可根据自身的教学特点和教学计划对课程时数进行调整。

目录

基础理论——

服装效果图概述

课题名称： 服装效果图概述

课题内容： 什么是服装效果图

学习过程中的常见问题

课题时间： 4课时

教学目的： 1. 让学生了解服装效果图的概念。

2. 解答一些常见问题，使学生明确学习方向。

教学方式： 教师课堂讲授、演示。

教学要求： 1. 了解服装效果图的概念。

2. 为下一步学习树立正确观念。

课前准备： 教师准备课件、服装效果图实例和演示用的纸、笔。

第一章　服装效果图概述

第一节　什么是服装效果图

一、服装效果图的概念

服装效果图是展现人物着装后的效果预想图，是用于表达服装设计构思的一种绘画形式，表现内容包括服装与人的关系、造型、材质、色彩、结构、工艺等设计细节。

在不同的设计阶段或根据不同的工作需要，服装效果图的表现，既可快速简略，也可细致深入。服装快速表现，包括粗放的草图和细致些的快速效果图，多以单线勾勒或施以薄色，用于记录灵感，也用于推敲、分析和交流，特点是简洁明晰，如图1–1所示；服装深入刻画，即通过对服装的细致表达，展现人物着装后的预想效果，特点是刻画深入、效果完整，多用于专业大赛、项目投标、定制业务、影视剧服装设计等，方案确定后的效果展示，如图1–2所示。

图1–1　　图1–2

二、服装效果图与服装画的区别

服装效果图与服装画的作用各异，表现方式和侧重点各有不同。

服装效果图，是从服装设计构思到实物制作过程中的重要环节，侧重于对服装理性的、具象的直观表达。其突出特点是：以服装表现为主，人物为辅；以线为主，重在表达服装款式、结构、设计细节；画面效果呈现说明性、平面性和单纯性。服装画，是以服装为载体、运用绘画手法表现时尚生活的艺术表现形式。“画”本身就是结果，是最终的艺术形式，无须再制作下一步的服装实物。多用于专业活动宣传、装饰、杂志插图、广告等用途，表现的重点不在于完整地展现服装，更注重表达服装的神韵和思想内涵、抒发情绪和渲染气氛，形式多样、个性鲜明、感染力强，如图1–3、图1–4所示。

图1–3

图1–4

第二节　学习过程中的常见问题

一、着色的顺序

马克笔的淡色无法覆盖深色。所以，在给效果图上色的过程中，应该先上浅色，而后覆盖较深重的颜色。基本原则是：先浅后深，先上后下。

二、着色和勾线的先后顺序

以先着色，后勾线为宜。为避免马克笔将勾的线晕染，建议先上色后勾线，尤其是脸部。

三、是否表现复杂的色彩关系

服装效果图色彩具有单纯、明确的特点， 着色以不琐碎、凌乱为宜，从而突出表现服装本身，故只表现固有色即可。如果像绘画色彩那样繁杂，服装的固有色和环境色都体现，容易造成主体不突出，影响识别的效果。

四、临摹的注意事项

初学者想在短时间尽快具备基本表现能力，建议集中一段时间专注临摹一个人的作品。因为不同人的作品风格不同、表现习惯不同，临摹多张也不易见效。而临摹表现手法一致的作品，其中的规律很快就会被发现和掌握，从而具备基本的表现技能。在此基础上，再学习众多优秀作品，取其精华，为己所用。

五、人体在服装效果图中的作用

人体在服装效果图中应该起到衬托服装的作用，对于它的表现要恰到好处。有些服装效果图过分刻画人体骨骼，这样的作品往往使观者最先注意到人体。而好的作品首先映入人眼帘的应该是服装的整体感觉和风格。

此外，有些人在服装效果图中喜欢采用夸大的动势。但要考虑，过大的动势不利于表现像西服、夹克、风衣这些服装公司经常涉及的基本款式，身体的大幅度扭动使服装牵拉变形，也会产生很多褶皱，给表现服装增加了很大难度，也使观者对于服装款式的具体样貌不能马上领会。

六、初学者练习的重点

初学者应重点练习不同类型服装的表现技巧，使观者对款式特点和细节一目了然。不提倡把刻画人体骨骼和动势作为重点，以及炫耀画技、卖弄华而不实的笔触，而对服装本身的表现草草为之。不要本末倒置、喧宾夺主。

七、留白的问题

服装效果图中，留白过多或者笔触抢眼，画面容易花哨、混乱，使观者不能马上看懂设计意图，从客观上造成弱化主题的效果。留白的作用是使画面看起来轻松、不沉闷和突出结构关系，建议留白多放在服装的边缘，而不是中心位置，如图1–5所示。

八、图案省略表现的问题

服装上大面积的图案，不用面面俱到地表现。重点刻画领、前胸等中心部位，服装边缘部分的图案可以概括表现或省略，如图1–5所示。

图1-5

思考题

1. 搜集历史上不同时期服装效果图的代表作品，并与当代作品的表现形式、手法做比较。
2. 搜集服装画、服装效果图、服装设计草图、服装款式图作品，并分析其特征、作用和异同。

专业知识及专业技能——

服装人体表现技法

课题名称： 服装人体表现技法

课题内容： 人体局部刻画
人体比例及不同姿势的表现

课题时间： 24课时

教学目的： 让学生了解服装效果图中人体的基本特征，掌握其表现技巧并能熟练运用。

教学方式： 教师课堂讲授、演示，学生课堂和课后练习，教师指导等多种方式。

教学要求： 1. 了解服装效果图中人体的比例和结构特征。
2. 熟练掌握几种常用的姿态。

课前准备： 1. 教师准备规范的人体解剖图、不同造型的模特图片以及演示用的纸和笔。
2. 学生准备A4打印纸、铅笔、橡皮以及便于携带的速写板。

第二章　服装人体表现技法

第一节　人体局部刻画

一、女性人体局部刻画

（一）手的画法

1. 注意手的大小

手长接近脸长，不要为了刻画细节忘记手与身体之间的比例关系。在效果图中可根据情况适当拉长手的长度。

2. 重在画大轮廓

重在画大轮廓，不要画得过于细腻，无须像素描作品似的细致刻画骨骼和肌肉细节。服装效果图中重点表现的是服装，手描绘得过细会喧宾夺主。

3. 选择容易表现的角度刻画

尽量选择手的斜侧面或侧面进行刻画，这几个面比较常用，而且比较好画。

图2–1所示为手的比例和画手时重要的几个点。

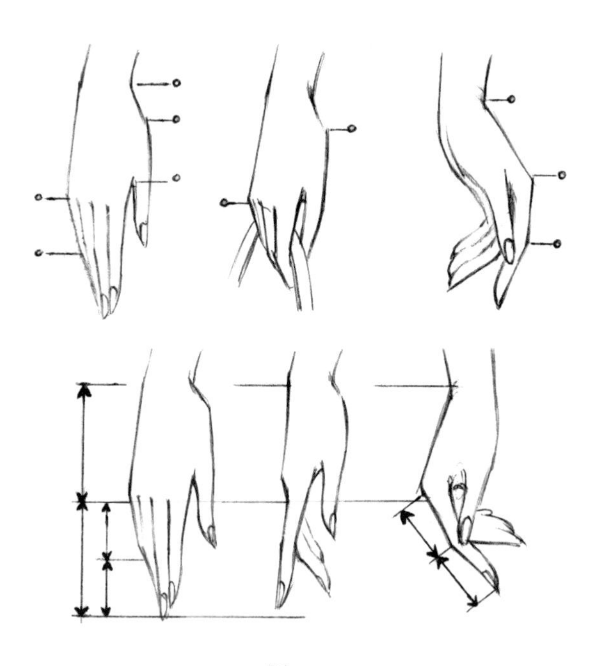

图2–1

图2–2所示是服装效果图中手的几种常用造型及绘制步骤。

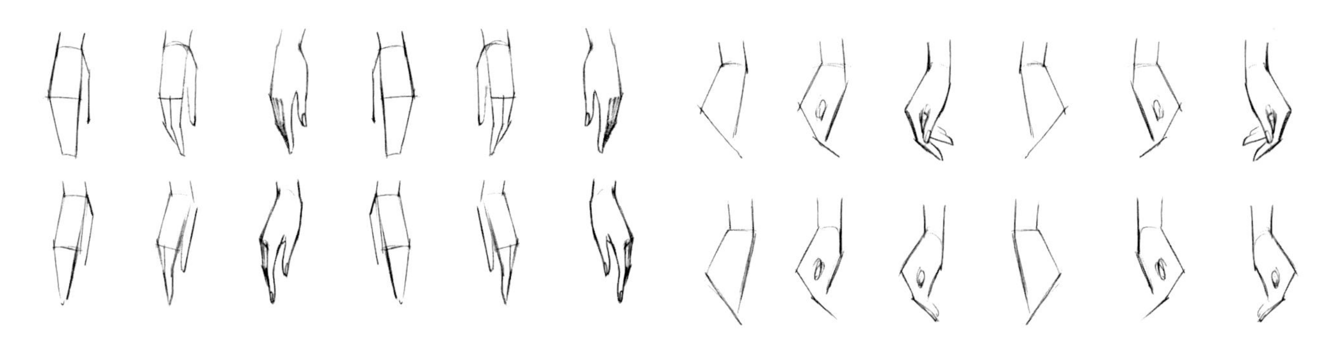

图2-2

图2-3中的几个人物，手的造型与图2-2相对应。从中可以看出，掌握几种基本造型，足以配合很多服装效果图中的人物动势。

图2-3

图2–4所示为稍有难度的几种造型、绘制步骤和相对应的人物动势 。

图2–4

（二）手臂的画法

1. 重在画大轮廓

服装效果图中的手臂用理想化的形式画出，即长度拉长、肌肉简化。手臂的大形接近于长圆柱形，曲线变化不要太大，无须像素描作品似的细致刻画骨骼和肌肉结构。

2. 掌握重点

要熟练掌握一些常用的、有利于表现服装的手臂造型。将手臂抬高举过头顶等特殊造型，对表现服装没太大益处。

图2-5所示是写实人体手臂的比例、画手臂重要的几个点及绘制步骤。

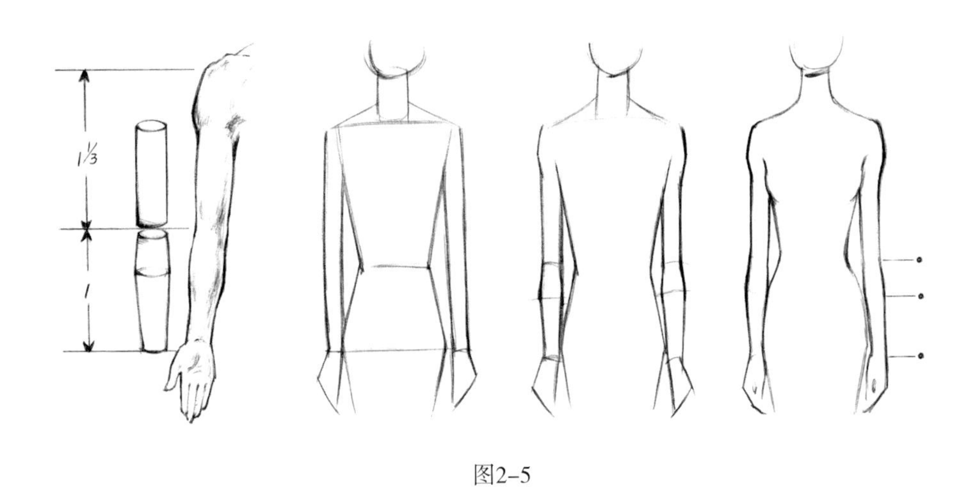

图2-5

图2-6所示是服装效果图中手臂的几种常用造型。在效果图中，小臂往往被拉长，长度与上臂一样。

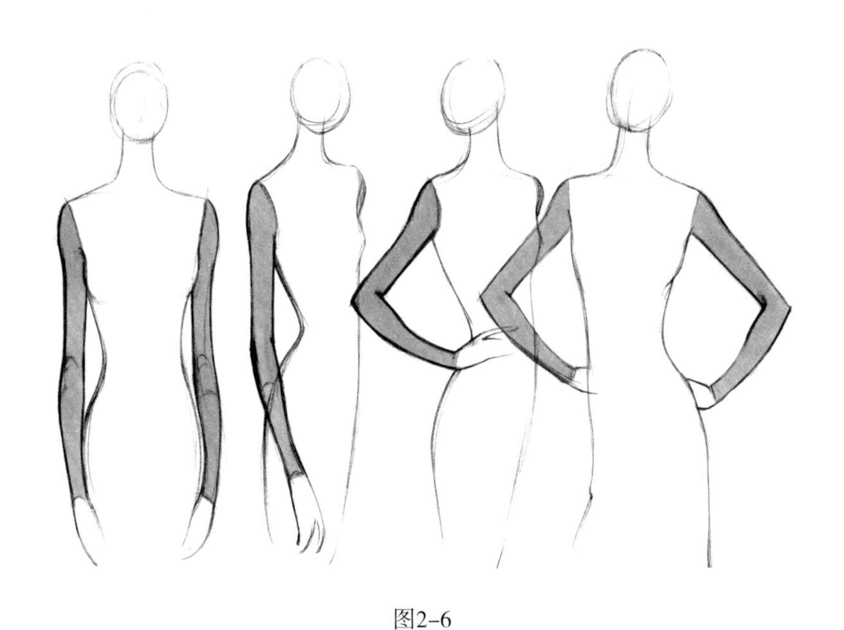

图2-6

（三）鞋的画法

1. 选择容易表现的角度刻画

在时装类的效果图中，表现高跟鞋的时候居多：一是显得身材修长，二是易于表现腿部的美感。穿平底鞋，从正面看显得短而宽，如果需要可以选择侧面或斜侧面的角度刻画。

2．踝骨的刻画

内踝高于外踝，不要把踝骨画得过于突出。

图2-7所示是画鞋时重要的几个点。

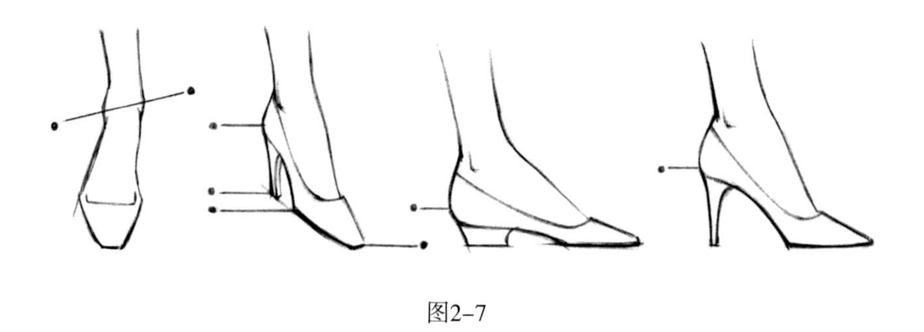

图2-7

图2-8所示是服装效果图中鞋的正面、斜侧面、侧面及绘制步骤。

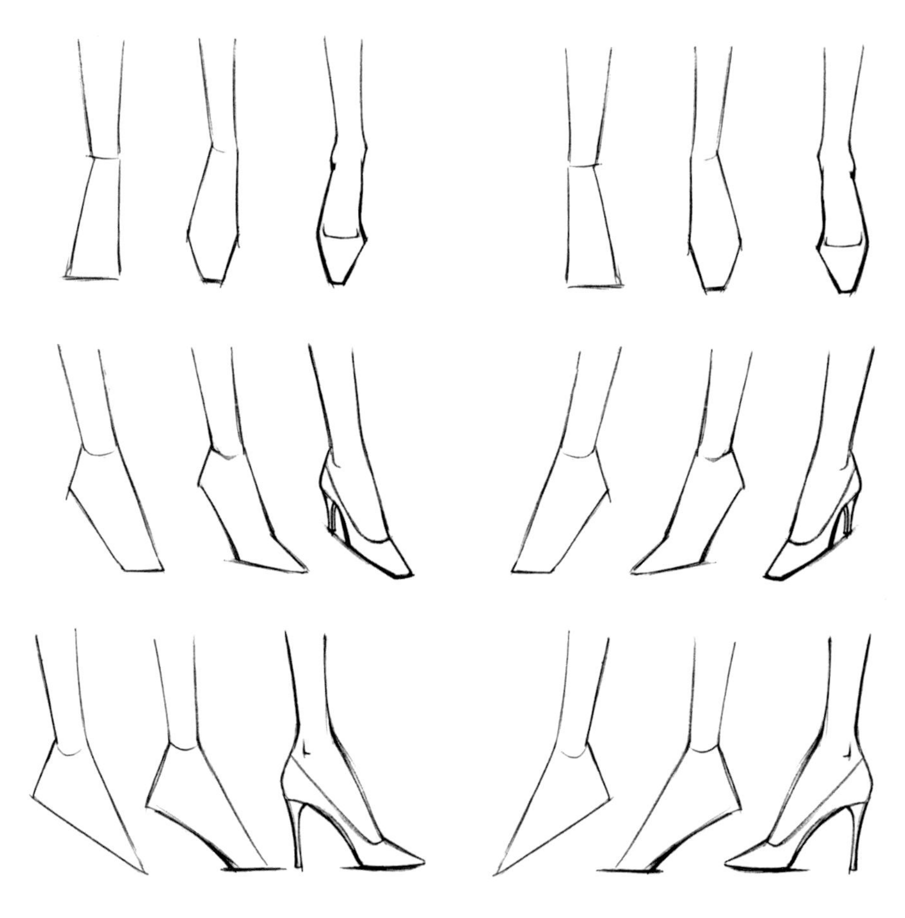

图2-8

（四）腿的画法

1．重在画大轮廓

大腿的外形接近于上粗下细的锥状圆柱体，曲线变化不要太大；小腿的外形由两个相对的锥状圆柱体构成。不要过度细致刻画膝盖、脚踝和肌肉的结构，否则会在视觉上突出人体细节，而表现的主体——服装却变成了配角。在效果图中，腿以理想化的形式出现，长度可以根据具体情况适度拉长。

2. 选择宜于表现服装的腿部造型刻画

练习时，多画站立的腿，坐或蹲等不利于表现服装的姿势少画。

图2-9所示是画腿的正面重要的几个点及绘制步骤。

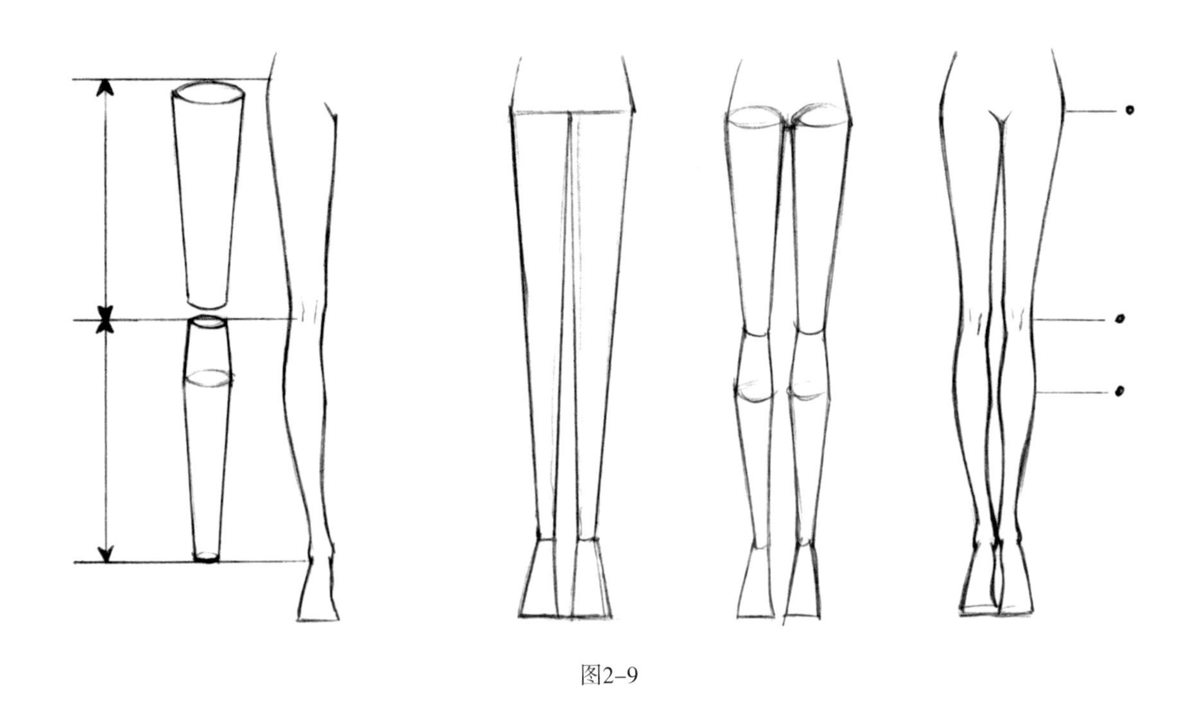

图2-9

图2-10所示是腿的斜侧面、侧面及绘制步骤。

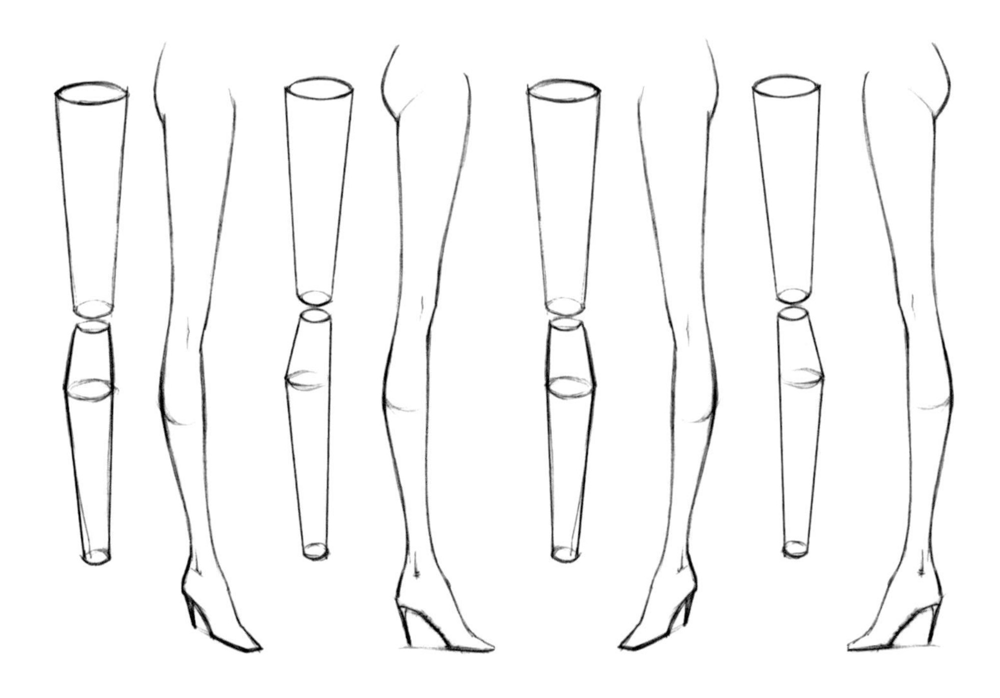

图2-10

（五）五官的画法

1. 眼的画法

画眼的重点：注意眼睛在整个脸当中的大小以及眼睛的形状。

图2-11所示是服装效果图中眼睛的几种常用角度。

图2-11

图2-12所示是正面眼睛的绘制步骤。

(a) 眼睛的外形可以概括为平行四边形。不要小看这个步骤，基本形很重要。三角形、菱形等眼形慎画

(b) 将眼廓描绘圆顺

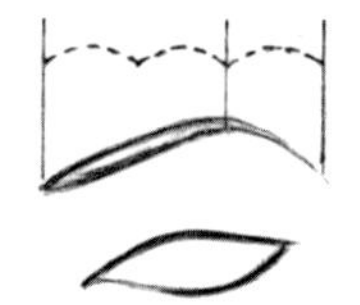

(c) 画眉。从靠近印堂处斜向上至眉长三分之二处自然斜下。眉要包住整只眼睛，不要画得过于短促。注意眉头起笔处柔和些，不要出现死黑一笔，看起来像生气一样

(d) 描绘上下眼睫毛。这个步骤甚至比画眼珠还重要，因为设计稿中的人物往往不是很大，五官刻画的空间很有限，在此情况下，这个步骤相对更出效果。注意不要一根一根地画，要画出整体的轻重变化

(e) 在画面足够大的情况下加入眼珠。上眼睑遮去部分眼珠。不要画整个圆眼珠，让人看起来很惊悚

(f) 润色，加影调。重的颜色在上眼睑和眼珠的上部，如果把重色放在下部会很难看

图2-12

图2–13所示是斜侧面眼睛的绘制步骤。斜侧面眼长比正面短，而且两只眼睛由于角度和透视的关系，外形和长短也不同。

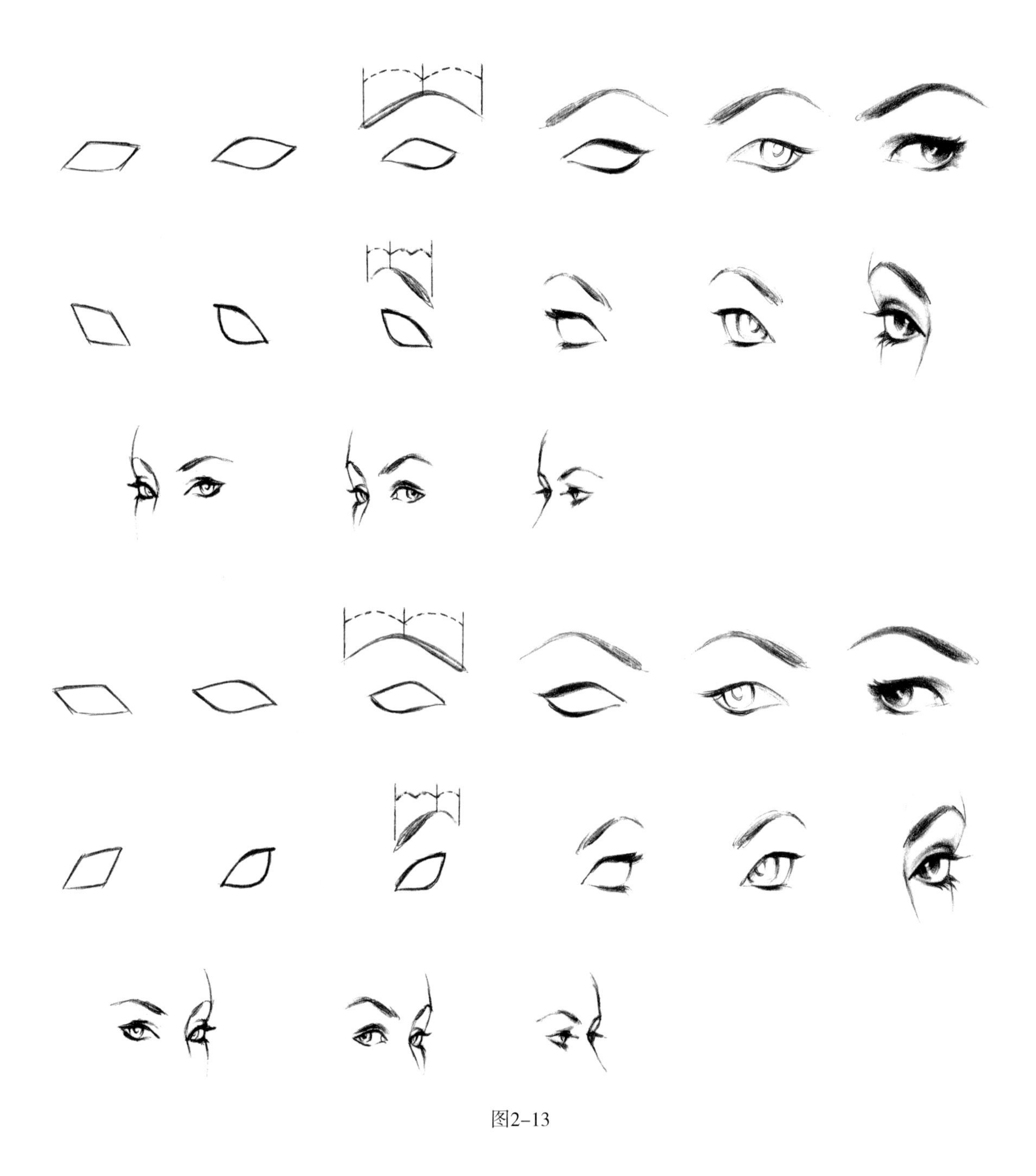

图2–13

图2–14所示是侧面眼睛的绘制步骤。侧面眼长更短，外形接近三角形，且只能看到一只眼睛。

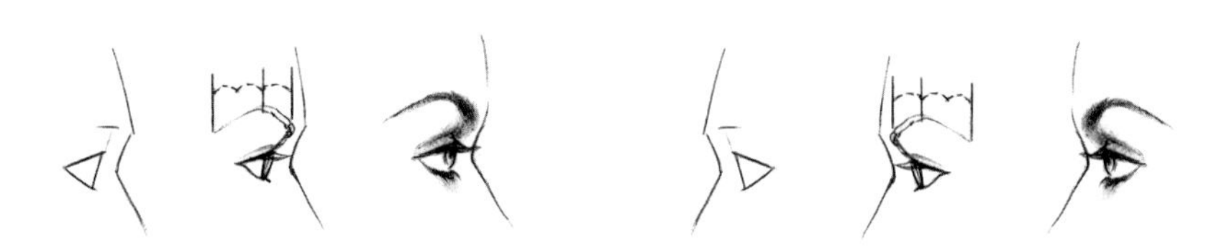

图2–14

2. **嘴的画法**

图2–15所示是正面嘴的绘制步骤。

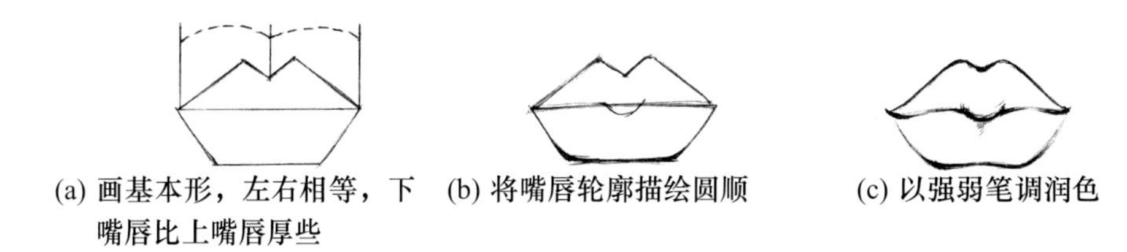

(a) 画基本形，左右相等，下嘴唇比上嘴唇厚些　(b) 将嘴唇轮廓描绘圆顺　(c) 以强弱笔调润色

图2–15

图2–16所示是斜侧面嘴的绘制步骤。

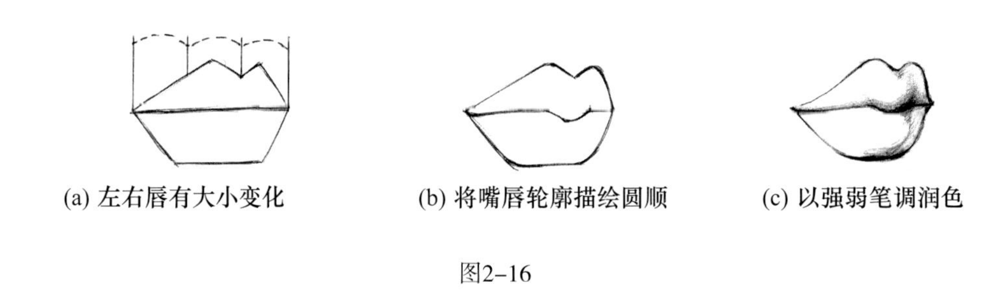

(a) 左右唇有大小变化　(b) 将嘴唇轮廓描绘圆顺　(c) 以强弱笔调润色

图2–16

图2–17所示是侧面嘴的绘制步骤。

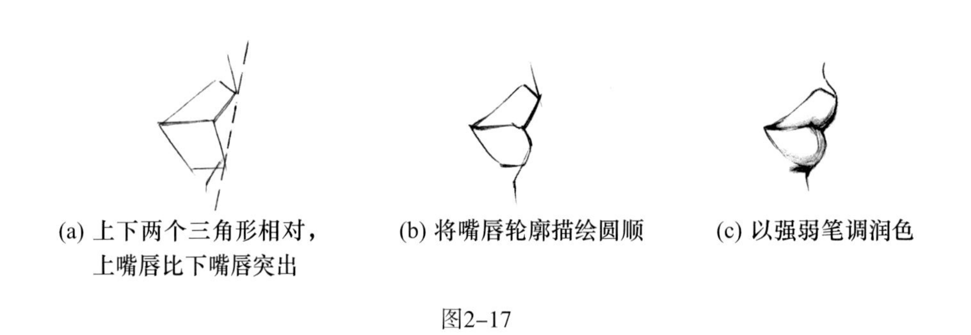

(a) 上下两个三角形相对，上嘴唇比下嘴唇突出　(b) 将嘴唇轮廓描绘圆顺　(c) 以强弱笔调润色

图2–17

3. **鼻的画法**

鼻子不要刻画过细，鼻头的大小和在脸部的位置是非常重要的，如图2–18所示。

4. **耳部的画法**

耳部不要刻画过细，耳的轮廓和在脸部的位置是非常重要的，如图2–19所示。

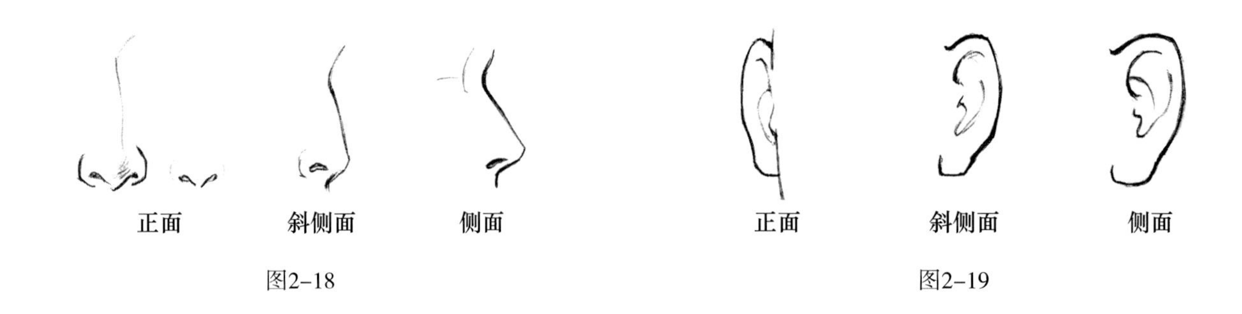

正面　斜侧面　侧面

图2–18

正面　斜侧面　侧面

图2–19

（六）脸部的画法

这里会提供一些基础的比例数据，初学者可以适当参考。但我们要表现的脸部，每个个体都不一样。要从刚开始就尽力培养感觉，灵活调整，不要僵硬地依赖数据。

1. **正面脸部的画法**

图2-20所示是正面脸部的比例及绘制要点。

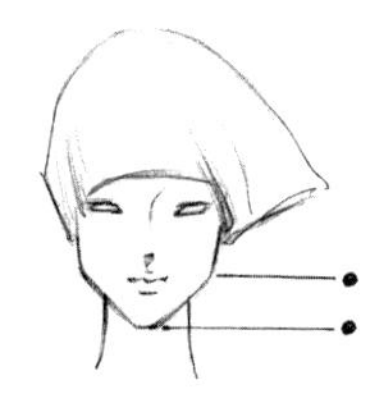

图2-20

图2-21所示是正面脸部的绘制步骤。

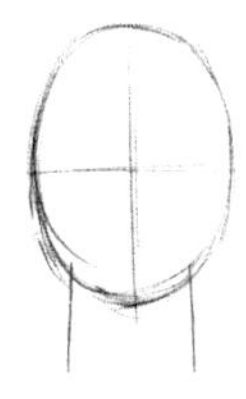

(a) 画一个椭圆形，在椭圆形的二分之一处画纵横两条线，横线的位置是眼睛。竖线为中心线，是重要的辅助线，在刻画正面脸部时，五官及脸型轮廓，都以它作为对称的参照

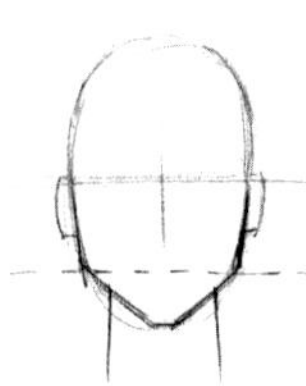

(b) 在椭圆形的下部画出三角形，由下颌角与颏结节构成，这是下颌的轮廓，但只是雏形，不要画得过细过重，等画出五官后还要调整。画草图时，头部画到这个程度就可以了，可以把更多的精力用来刻画服装

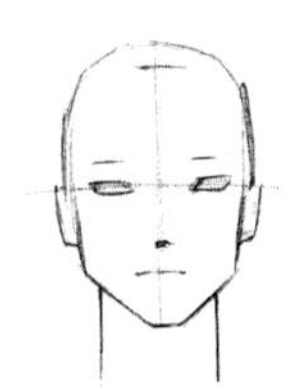

(c) 铺上五官的大体位置。在横线的上下、左右参照着同时画出两只眼睛的大概形状和位置，两眼距离大概是一只眼的长度。之后画出眉毛，距离是眼睛的宽度。在眉和下颌二分之一处画出鼻底线。在鼻底线至下颌的上三分之一处左右画出唇中缝线，这条线是嘴部最重要的线

(d) 进一步调整五官的位置和形状，直到满意。画出头发的轮廓

(e) 以强弱笔调润色，完成

图2-21

2. 斜侧面脸部的画法

图2–22所示是斜侧面脸部的比例及绘制要点。

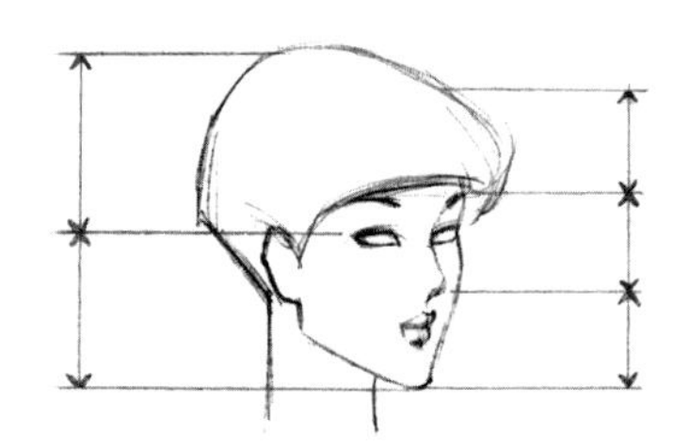
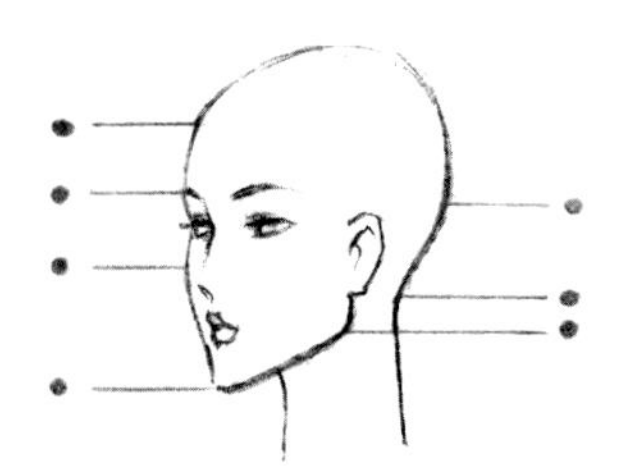

图2–22

图2–23所示是斜侧面脸部的绘制步骤。

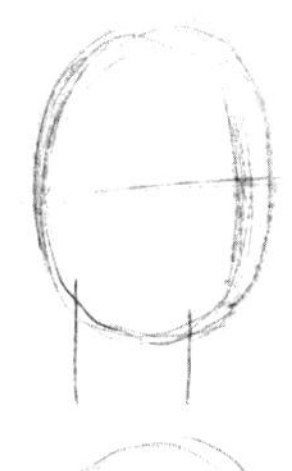

(a) 画一个比正面脸圆一些的椭圆形。中心线向一侧偏移，横线位置不变

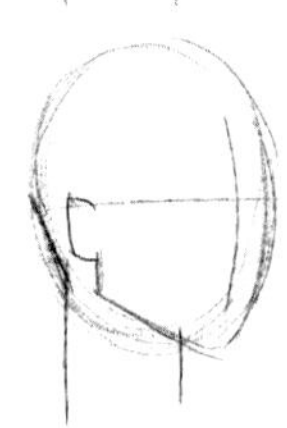

(b) 在椭圆形的下部画出三角形和整个头颅的形状。画草图时，头部画到这个程度就可以了，可以把更多的精力用来刻画服装。这个步骤画好，就能看出斜侧面的基本形状了

(c) 铺上五官的大体位置。较远的一只眼睛画得小一些，左右参照着同时画出两只眼睛的大概形状和位置，两眼距离此时变窄。之后画出眉毛，距离是眼睛的宽度。在眉和下颌二分之一处画出鼻底线。在鼻底线至下颌的上三分之一处左右画出唇中缝线

(d) 进一步调整五官的位置和形状，直到满意。画出头发的轮廓

(e) 以强弱笔调润色，完成

图2–23

3. **侧面脸部的画法**

图2-24所示是侧面脸部的比例及绘制要点。

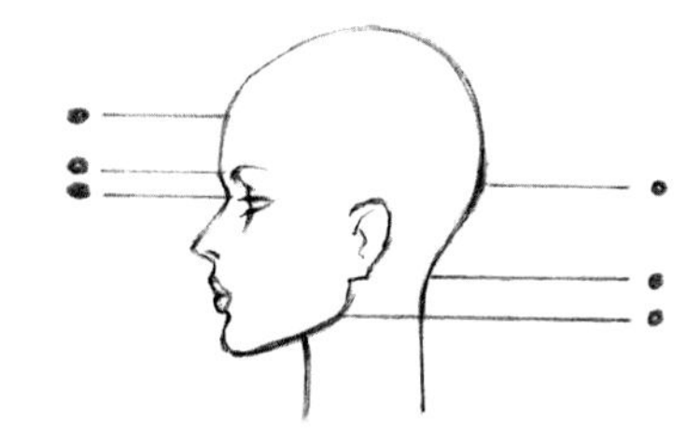

图2-24

图2-25所示是侧面脸部的绘制步骤。

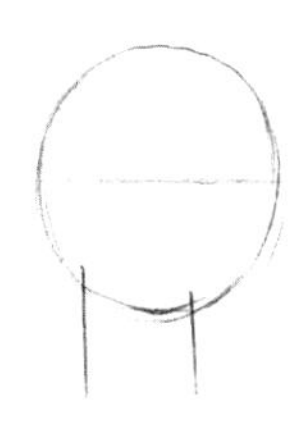

(a) 画一个正圆形，在圆形的二分之一处画一条横线，横线的位置是眼睛

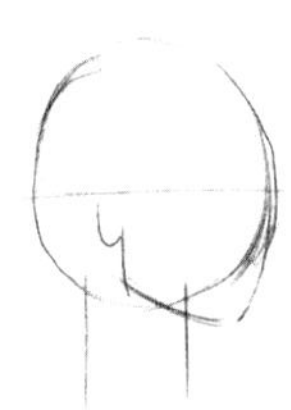

(b) 在圆的竖向中心线后面画出耳的位置，画出颏结节和下颌角的雏形

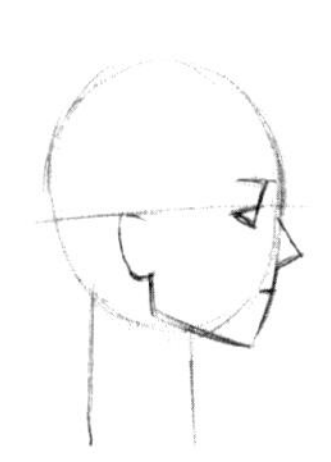

(c) 铺上五官的大体位置。在横线的上下，画出眼睛的大概形状和位置。之后画出眉毛，距离是眼睛的宽度。在眉和下颌二分之一处画出鼻底线。在鼻底线至下颌的上三分之一处左右画出唇中缝线

(d) 进一步调整五官的位置，直到满意。画出头发的轮廓

(e) 以强弱笔调润色，完成

图2-25

（七）发型的画法

发型对于塑造人的气质起着重要作用。在表现时需要注意以下几点。

1. 刻画外轮廓

外轮廓是画头发的关键，是塑造服装和人物气质的重要因素。外轮廓即形状，形状不好看、不时尚，画多少头发丝都是没用的。

2. 线条的轻重处理

头顶的位置是线条最轻的，逐渐向发梢加重。另外，可以把头部看成一个圆球，在明暗交界的部位多画些线条，也可以上点调子，以塑造发型转折的关系。

图2-26所示是适合休闲装、时装类的发型。

图2-27所示是适合礼服类的发型。

图2-26

图2-27

（八）适合快速表现的脸部和发型

在服装公司工作的设计师，往往每天都要出很多设计图，这就需要在绘图时有所取舍，不重要的地方就要简约概括地处理。整个头部，只要画出大轮廓和气质就可以了，从而节省出时间用来表现服装，如图2–28所示。

图2–28

二、男性人体局部刻画

（一）手臂的画法

1. 重在画大轮廓

服装效果图中，男性的手臂可适度刻画肌肉的形状，以表现出男人的力量，只是刻画要适度，不用像素描人体那样细致。

2. 画出男性的气势

较之女性，男性手臂的肘部不要画成紧贴身体的状态，肘部向外、小臂收回的趋势，显得孔武有力。手部也以微微攥拳的姿势容易出效果。

图2-29所示是服装效果图中男性手臂常见的造型及绘制步骤。

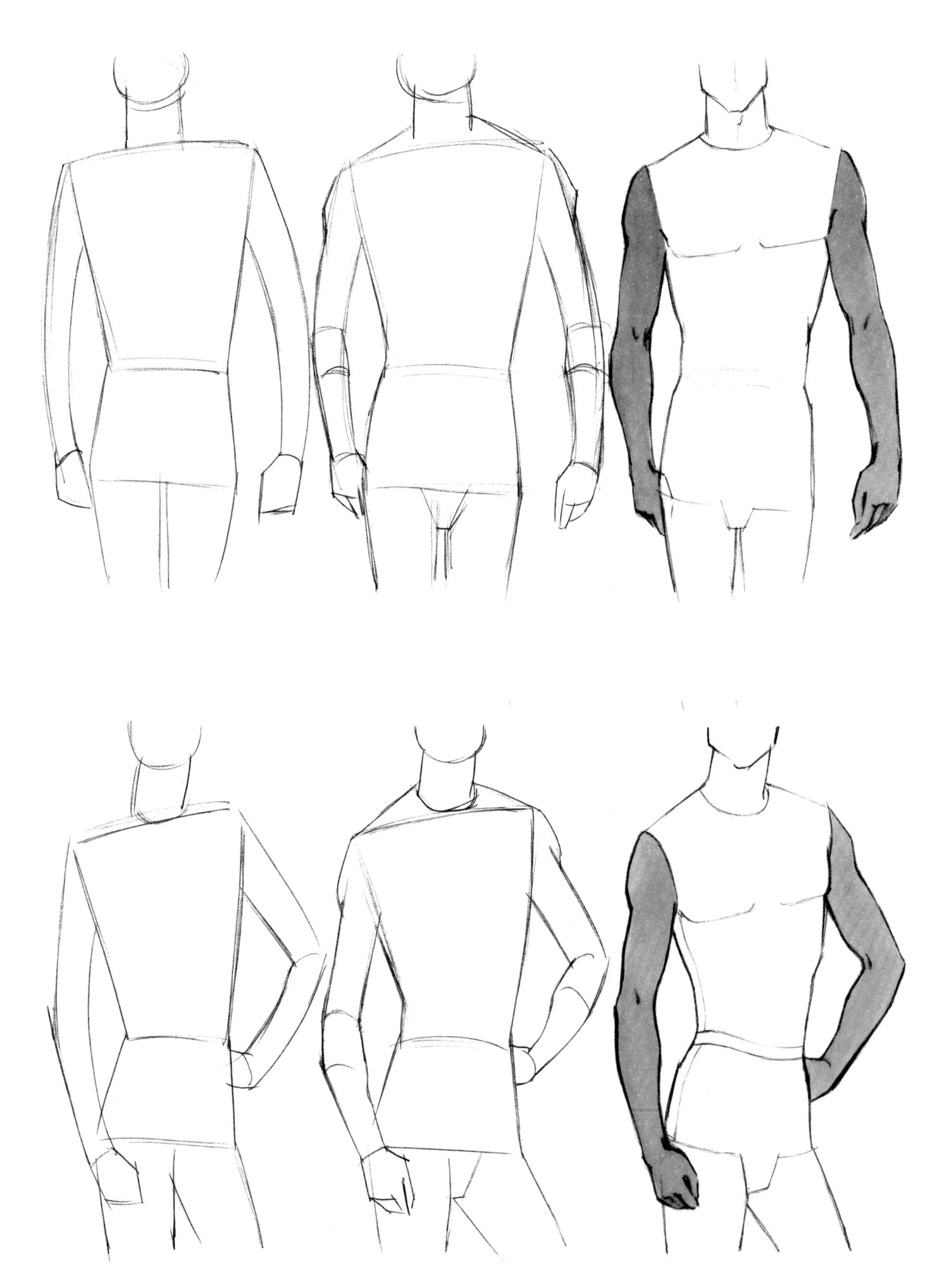

图2-29

（二）鞋的画法

男性鞋的画法与女性鞋的画法很像。刻画设计复杂的鞋，不要因为专注于描绘细节而忽略了最重要的整体比例关系和大的轮廓。

图2–30所示是鞋的不同角度。

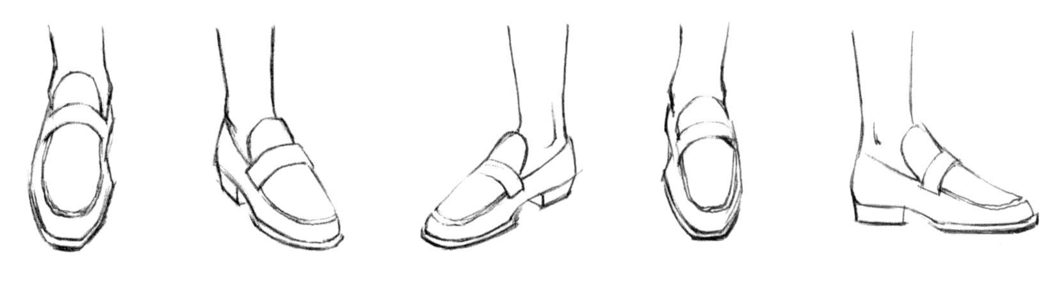

图2–30

图2–31所示是服装效果图中男鞋的正面、斜侧面、侧面及绘制步骤。

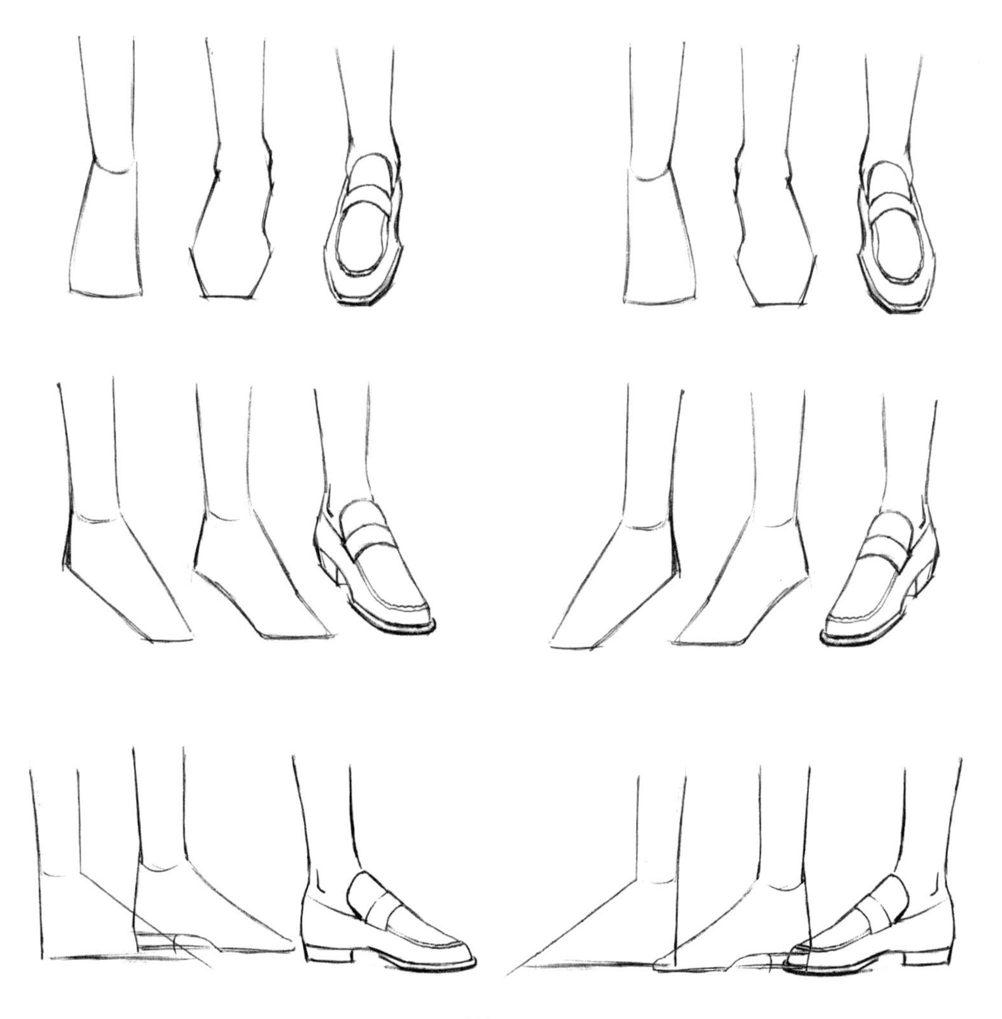

图2–31

（三）腿的画法

1. 腿的长度

在效果图中，男性腿的长度可以根据具体情况适度拉长，但过长会显得有些女性化、缺乏力量。

2. 可适度刻画肌肉和骨骼

腿的外形是刻画重点，可适度刻画肌肉和骨骼的形状，以表现男人的力量，但是刻画要适度，不用像素描人体那样细致。

3. 画出男性气势

男性腿部的造型可以画成直的或稍有点O形，X形是忌讳的，因为它过于女性化。

图2-32所示是正面腿的基本形和绘制步骤。

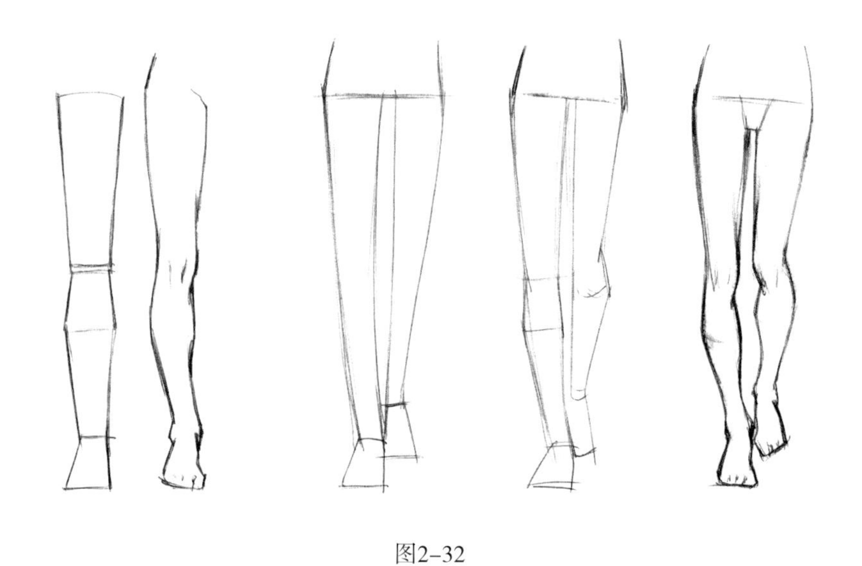

图2-32

图2-33所示是腿的斜侧面、侧面和绘制步骤。

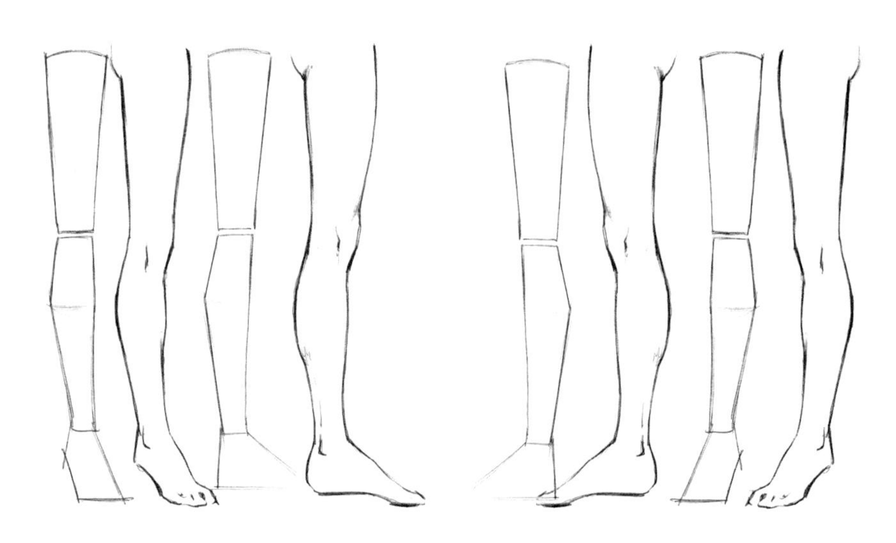

图2-33

（四）五官的画法

1．眉眼的画法

如图2-34所示，男性眉毛粗黑浓重，呈剑形，稍微皱眉，显得很酷。眼近于扁长形，画时线条不要像画女性眉眼那样勾得太重太实，以免像画了眼线。

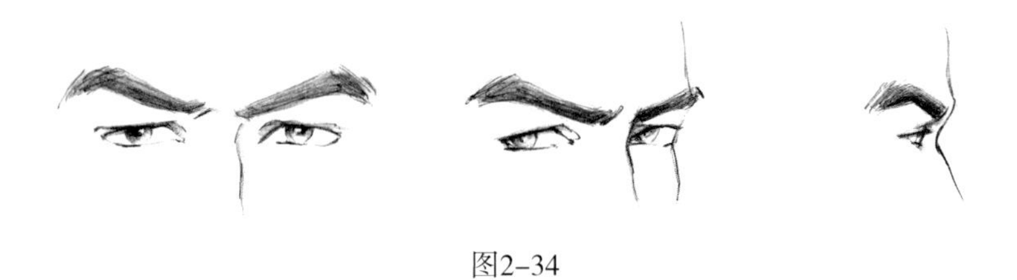

图2-34

2．嘴的画法

如图2-35所示，男性嘴唇趋向扁宽，唇线不宜画实，以免像勾了唇线。唇中缝线是最重要的，如果想简略地表现嘴，只画这条线即可。

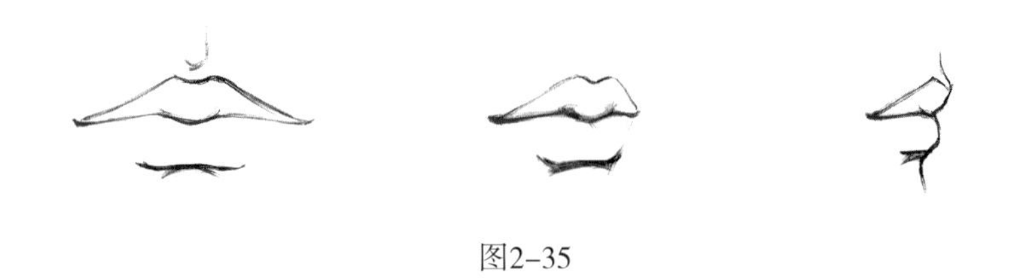

图2-35

3．鼻的画法

如图2-36所示，男性的鼻比女性的显得粗大，可适当刻画鼻骨和鼻翼。

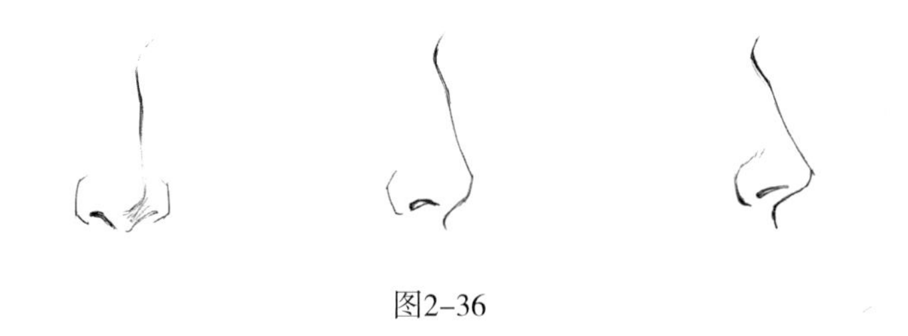

图2-36

4．耳的画法

如图2-37所示，耳的刻画应多用直线，要表现得简约硬朗。

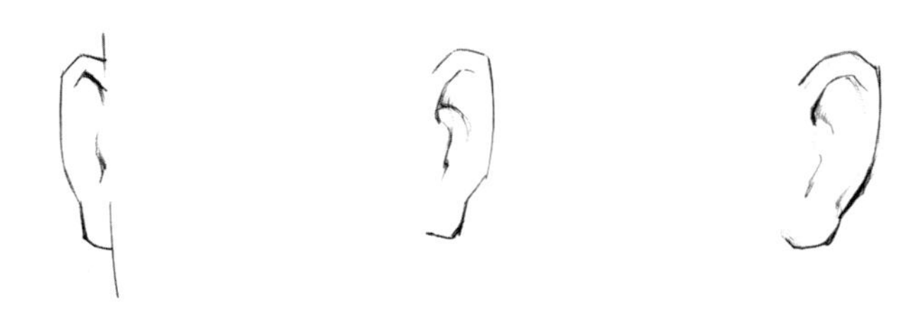

图2-37

（五）脸部的画法

男性的脸部比例可以参照女性脸部比例来画。特点是面颊方硬，下颌轮廓非常清晰明确，画时可有意加强。

脸部和头发的外形，可以多用直线，画得简略方正一些，男子汉气质强一些。

图2-38所示是正面脸部的绘制步骤。

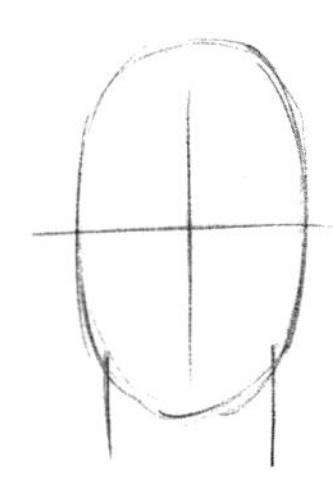

(a) 此步骤与画女性的顺序相同，整个形状比女性的长方一些

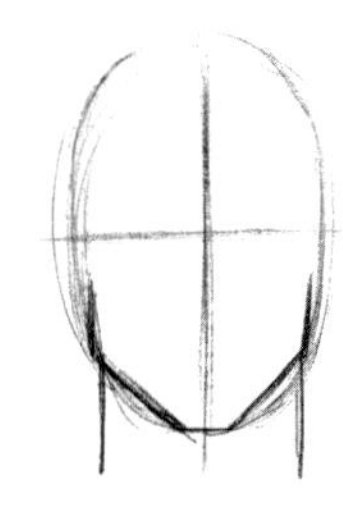

(b) 此步骤与画女性的顺序相同，只是男性的颏结节较方硬，下颌角也更为突出

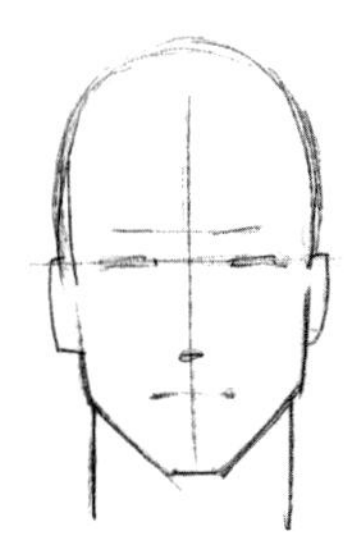

(c) 此步骤与画女性的顺序相同，铺上五官的大体位置。眉与眼的距离近一些

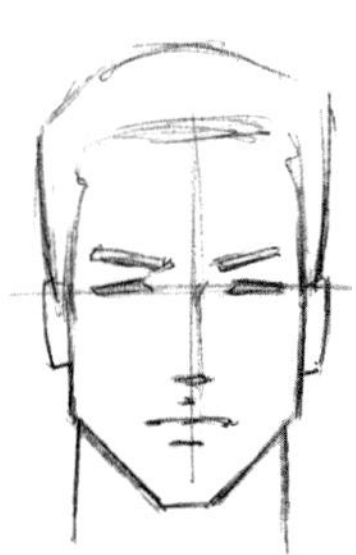

(d) 进一步调整五官的位置和形状，直到满意。画出头发的轮廓

(e) 以强弱笔调润色，完成

图2-38

图2-39所示是斜侧面脸部的绘制步骤。

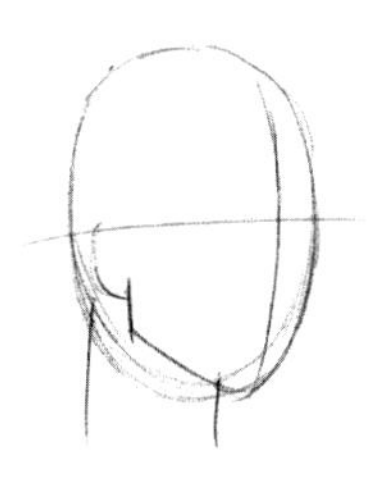

(a) 此步骤与画女性的顺序相同

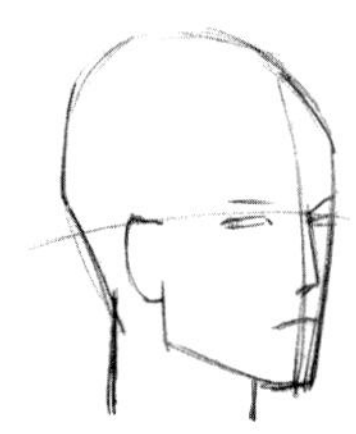

(b) 此步骤与画女性的顺序相同，铺上五官的大体位置。男性的颏结节和下颌角更为突出

(c) 进一步调整五官的位置、形状并以强弱笔调润色，直到满意。画出头发的轮廓

图2-39

图2-40所示是侧面脸部的绘制步骤。

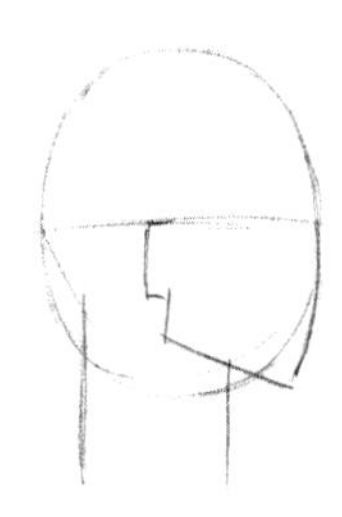

(a) 此步骤与画女性的顺序相同

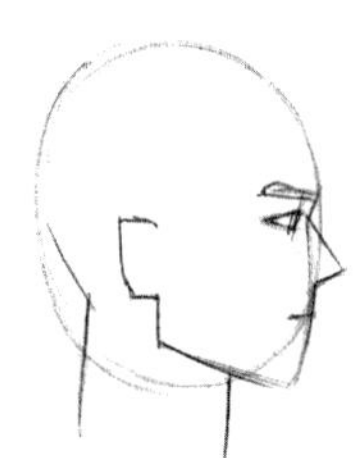

(b) 此步骤与画女性的顺序相同，铺上五官的大体位置。男性的颏结节和下颌角更为突出

(c) 进一步调整五官的位置、形状并以强弱笔调润色，直到满意。画出头发的轮廓

图2-40

第二节　人体比例及不同姿势的表现

一、人体基本形

人体的骨骼和肌肉是复杂的，所构成的外部轮廓，描绘起来难度也很大。图2-41将复杂的人体外形，归纳概括成简单的几何形体，帮助初学者树立整体观察的观念，也是画好服装人体的第一步。我们可以把人体简化归结为一个由几何体构成的组合：头部可以看作一个椭圆体，颈部可以看作一个圆柱体，胸腔可以看作一个梯形体，骨盆与股骨上端构成一个梯形体，四肢可以看作能伸屈的圆柱体。

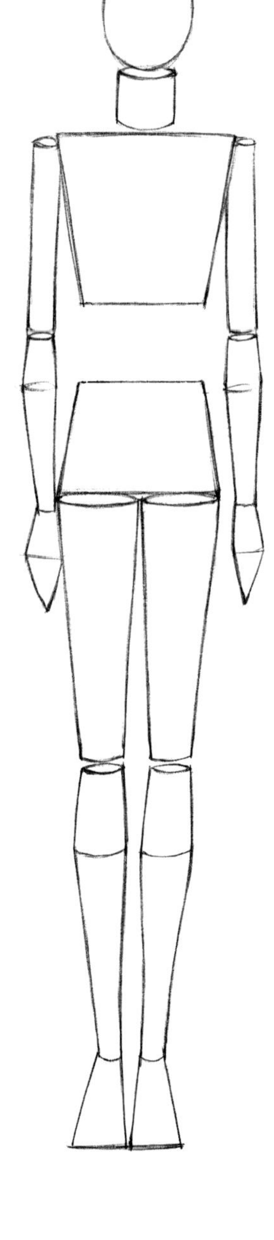

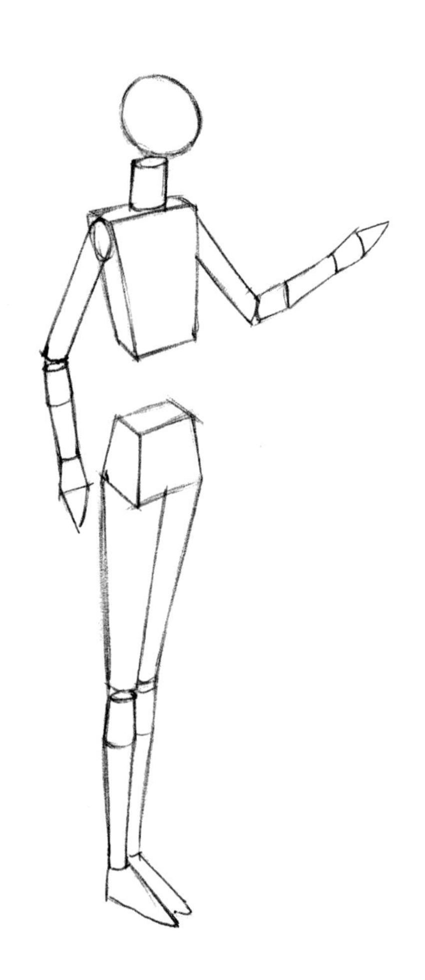

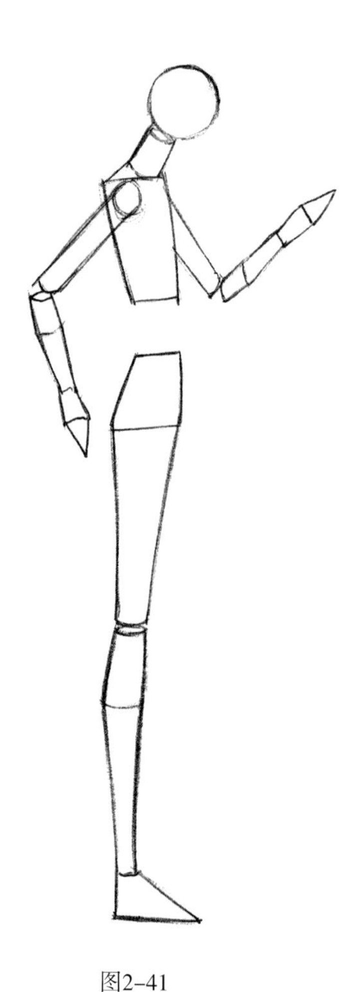

图2-41

二、女性人体表现

在人们的印象中，服装效果图里的人物往往是修长、理想化的。但实际上不是越长越好，尤其是企业用的服装效果图，要表现的几乎都是实用的普通款，夸张后的人体很难准确表达服装的比例。所以接下来的几个步骤图采用的是比较实用的9头身比例。

（一）正面人体的画法

图2–42、图2–43给出了一些可供参考的比例数据。

1. **纵向比例**

（1）9头身，即身体长度共9个头长。

（2）肩线在第2个头长的1/2处。

（3）肘部和腰部最细处在第3个头长处。

（4）臀部最宽处在第4个头长处。

（5）手腕略低于臀部最宽处。

（6）膝盖在第6个头长处。

（7）脚踝在第8个头长处稍下。

（8）脚尖在第9个头长处稍上。

2. **横向比例**

（1）头宽约为头长的2/3。

（2）肩宽略大于2个头宽。

（3）腰宽略小于1个头长。

（4）臀宽略小于肩宽。

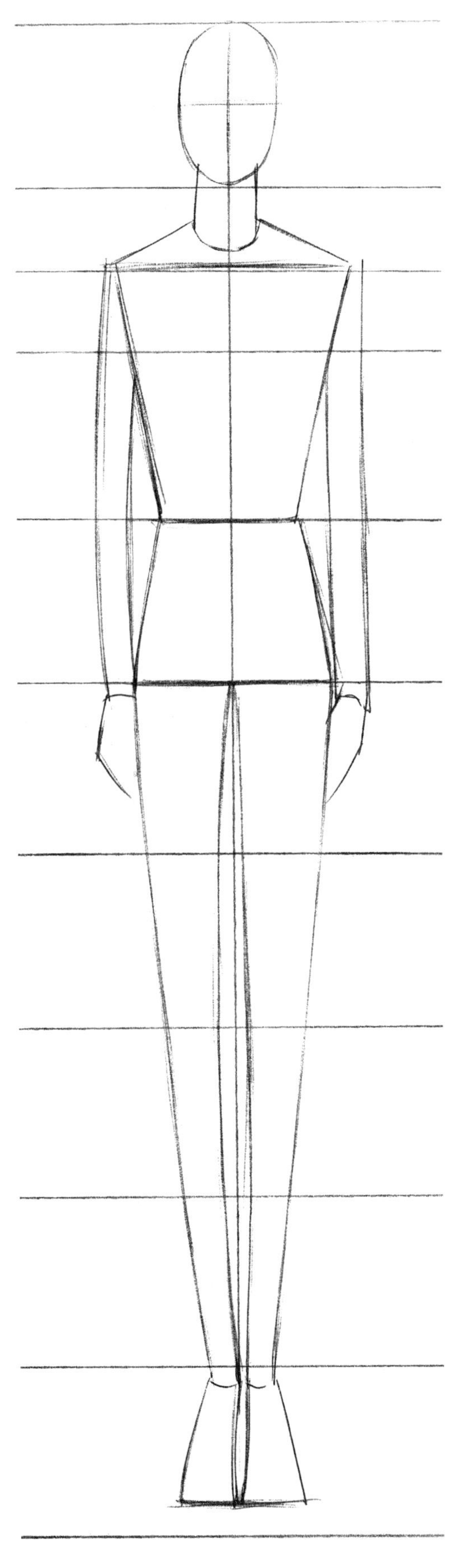

图2–42

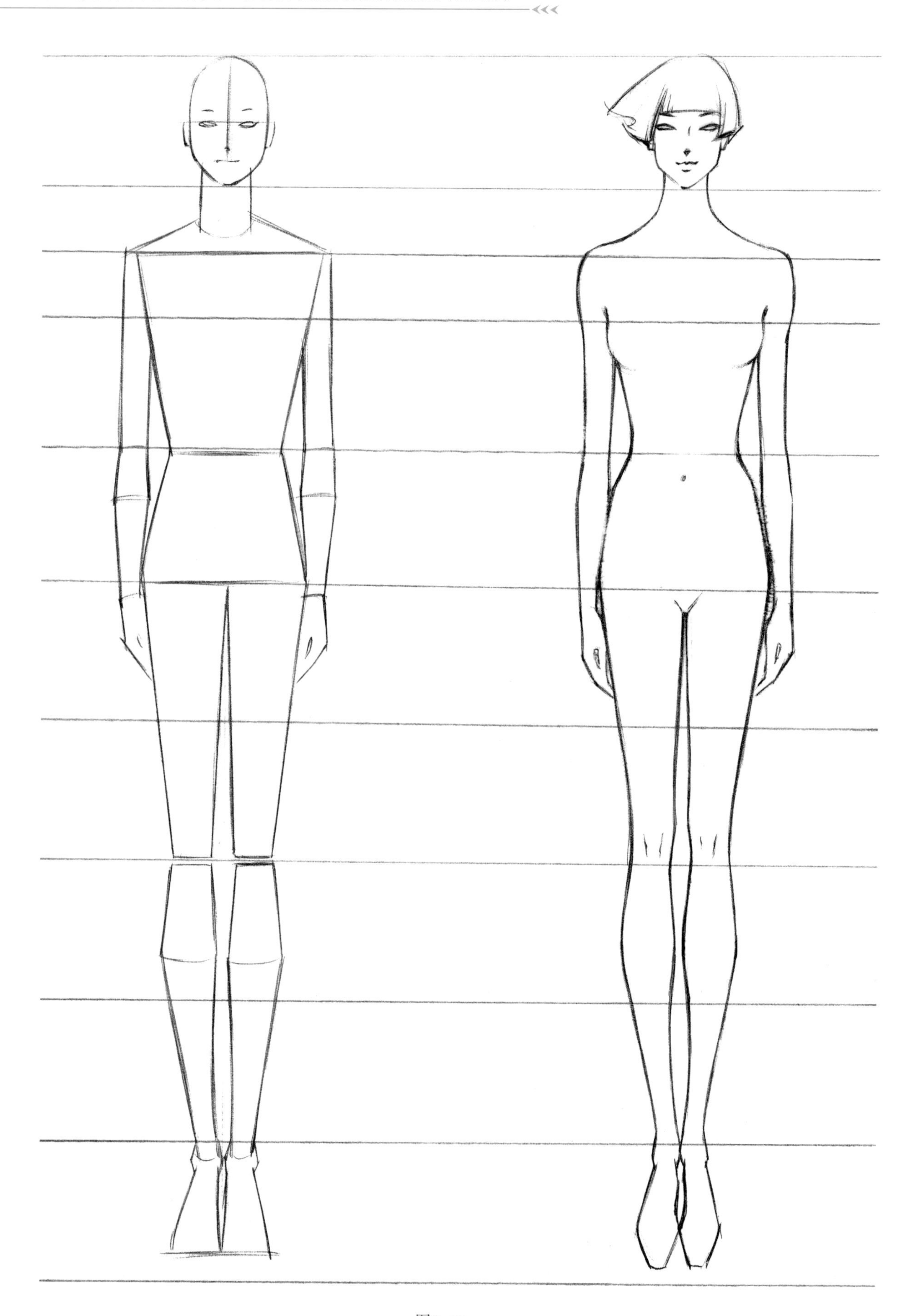

图2-43

（二）斜侧面人体的画法

观察图2-44、图2-45，可以发现以下几点。

（1）斜侧面人体与正面人体相比，纵向比例不变。

（2）由于斜侧的关系，身体的宽度变窄。

（3）中心线左右产生了近大远小的变化。

（4）可以看到人体一部分侧面。

要画好这个角度，身体侧面与肩膀、上臂的处理至关重要，练习时可以与正面人体比较着画。

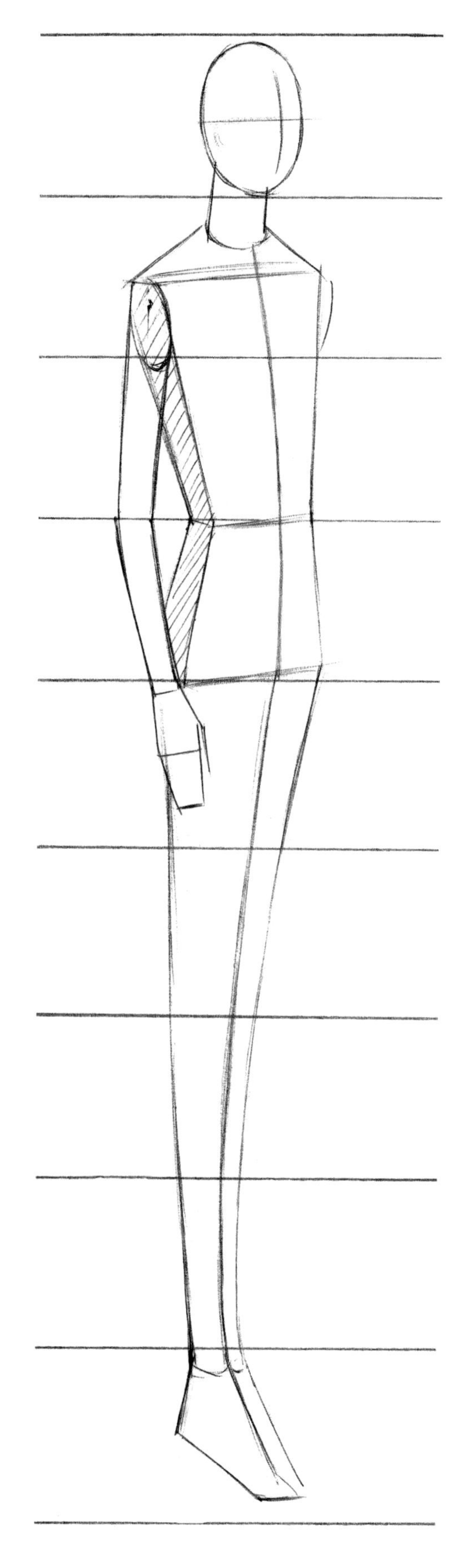

图2-44

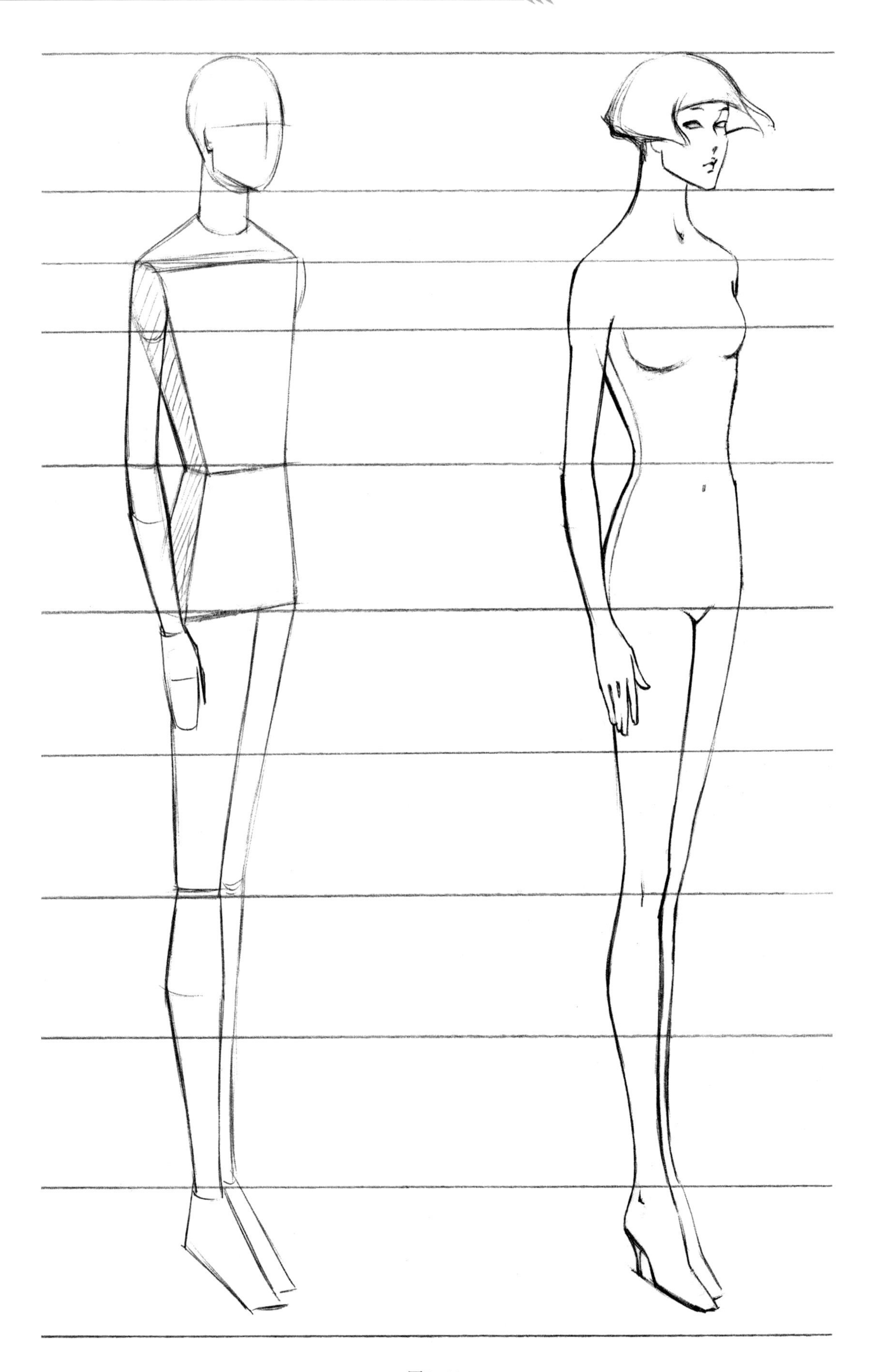

图2-45

（三）侧面人体的画法

观察图2–46、图2–47，可以发现以下几点。

（1）侧面人体与斜侧面人体相比，纵向比例不变。

（2）胸腔和骨盆的厚度比较窄，形似不规则的梯形，两个梯形结合在一起，外形呈前平后曲之势。

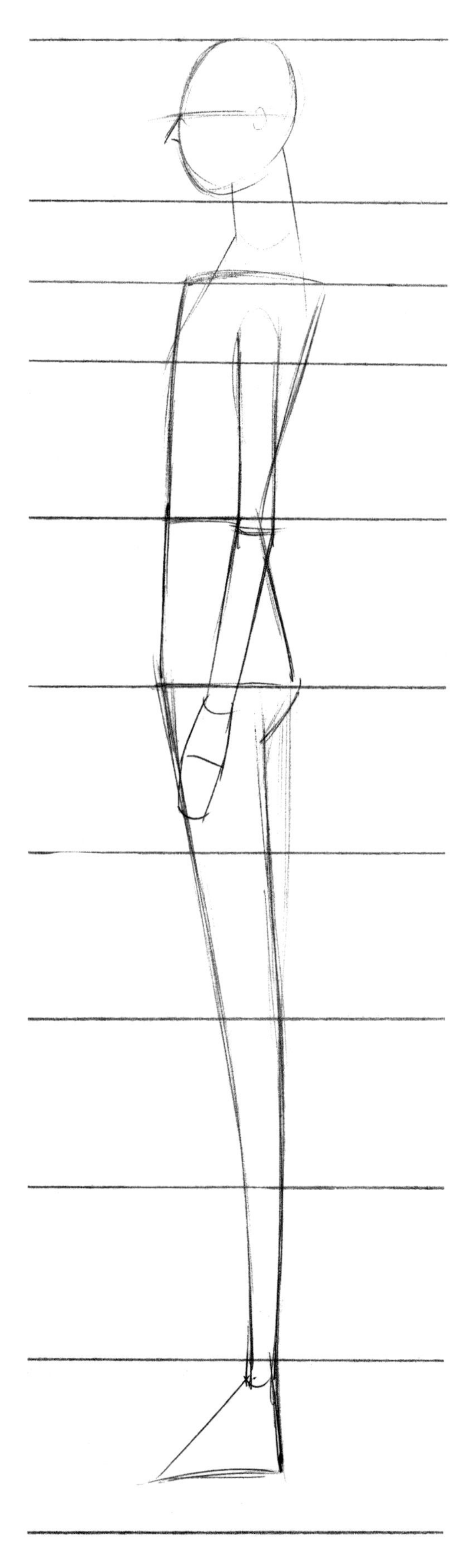

图2–46

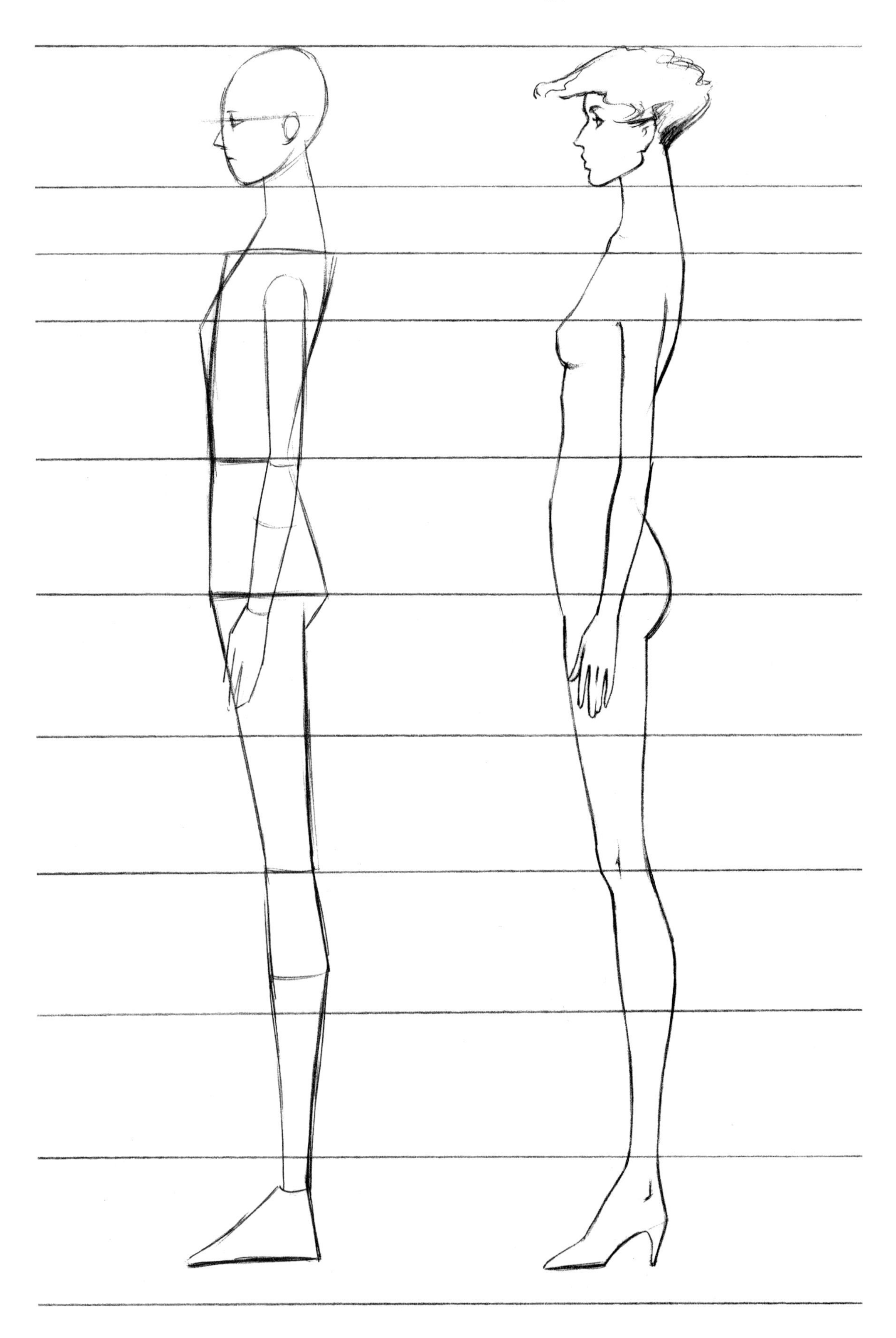

图2-47

（四）人体动态变化规律

在研究人体动态的时候，首先要关注“一竖” 和“ 二横线”的变化。

1. “一竖”和“二横线”的概念

“一竖”指人体的脊柱。脊柱就像洗衣机的排水管，一节一节的，可以随意地左右或前后扭动，这个观念在画动态人体时非常重要，如图2–48所示。“二横线”指肩线和股骨上端连线。具体地说就是两侧肩峰连线和两侧股骨上端连线，如图2–49所示。

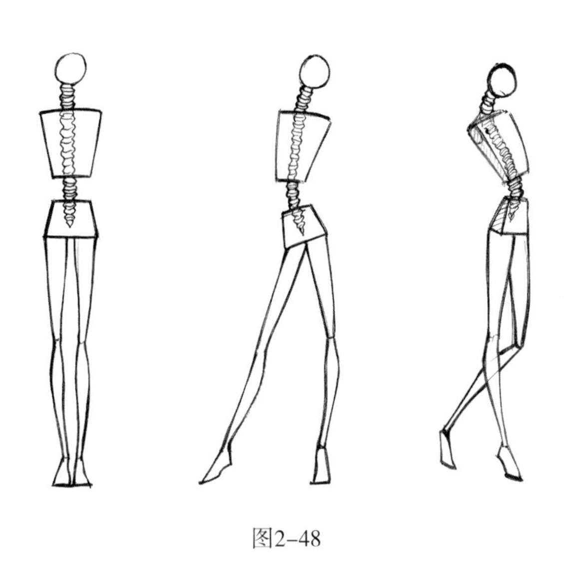

图2–48

2. “一竖”和“二横线”的变化

人立正的时候，双腿受力均等， “一竖”是直的， “二横线”是相互平行的，如图2–49（a）所示；当身体的重心移向一条腿时，该腿受力， “一竖”扭动，该侧的骨盆自然抬起，股骨上端连线发生了倾斜变化。而这时的肩线可以保持水平状态，如图2–49（b）所示；肩线也可以是倾斜的，并且与股骨上端连线相对，如图2–49（c）、图2–49（d）所示。图2–49（e）的动势是不成立的。

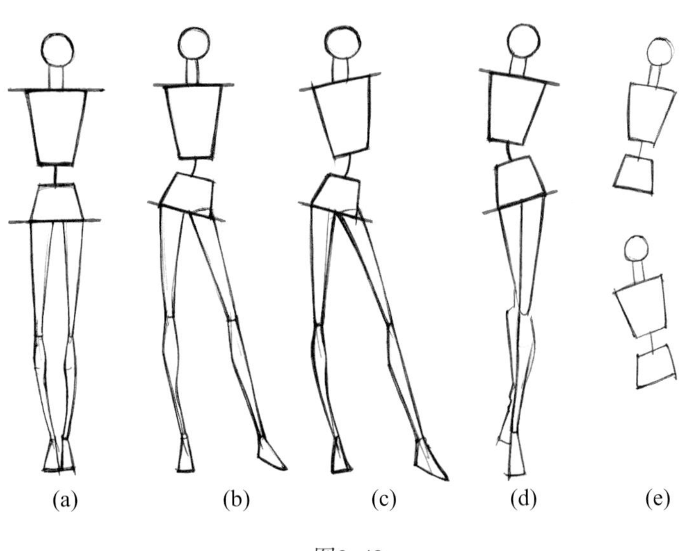

图2–49

3. 用重心线衡量人体是否平衡

重心线，是从颈窝向地面引出的一条垂线，是一条辅助线，通过它可以衡量人体是否站稳。

在双腿都受力的情况下，重心线在两脚之间，如图2-50（a）所示；或略偏向吃重的腿一边，如图2-50（b）所示；在单腿受力情况下，重心线会落在受重腿上，如图2-50（c）所示。如果重心线落在脚外，会站立不稳，如图2-50（d）所示。

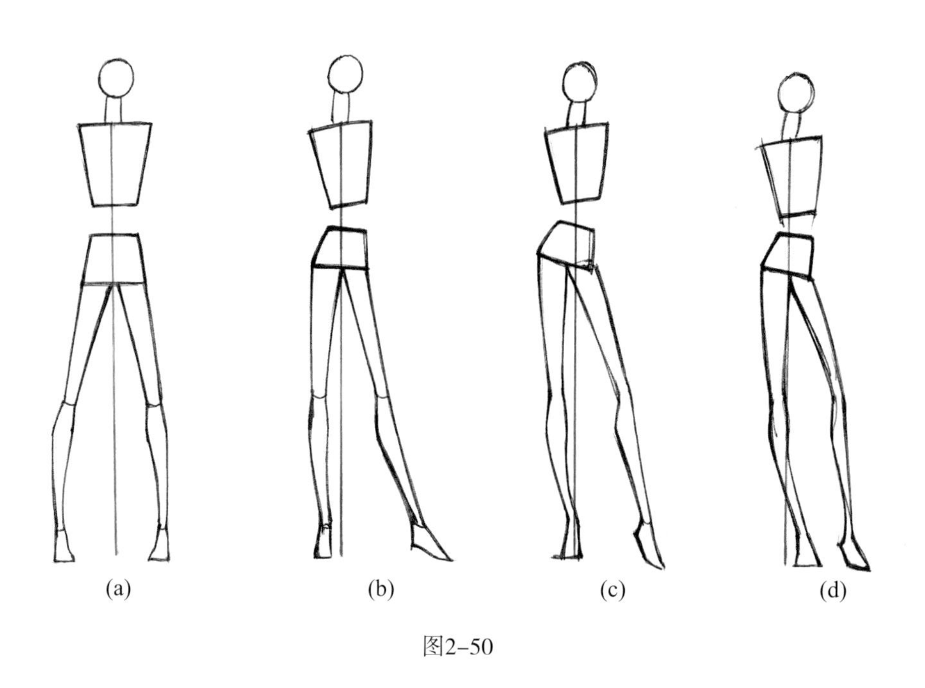

图2-50

4. 下肢的动态规律

当身体的重心移向一条腿时，这条腿就支撑着整个身体的重量，一般这条腿因为受力的缘故，往往是直的，不弯曲。而另一条不承重的腿是放松的，造型可弯可直。承重腿与股骨上端连线密切相关，承重腿一侧的臀部通常是抬高的，如图2-51所示。

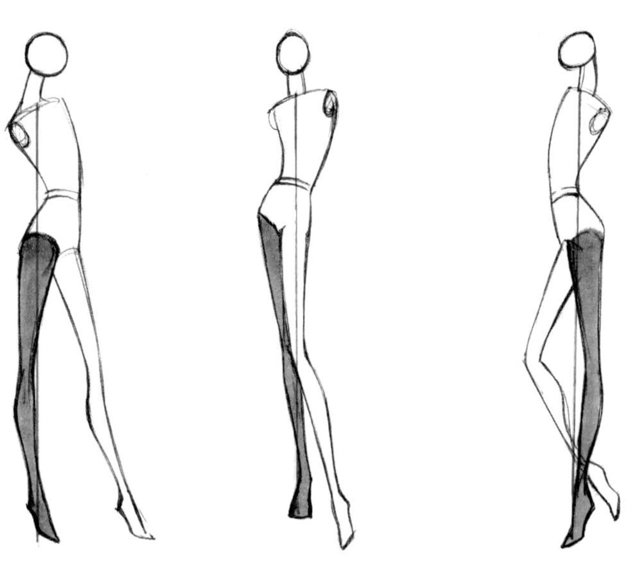

图2-51

（五）常用的几个角度和动势

动势一：正面行走的姿态。适合的服装类型比较广泛，如图2-52所示。

动势要点：重心落在一条腿上，落点在前，落点在后的腿可画得轻一些；肩部可以微斜，也可以是水平的。

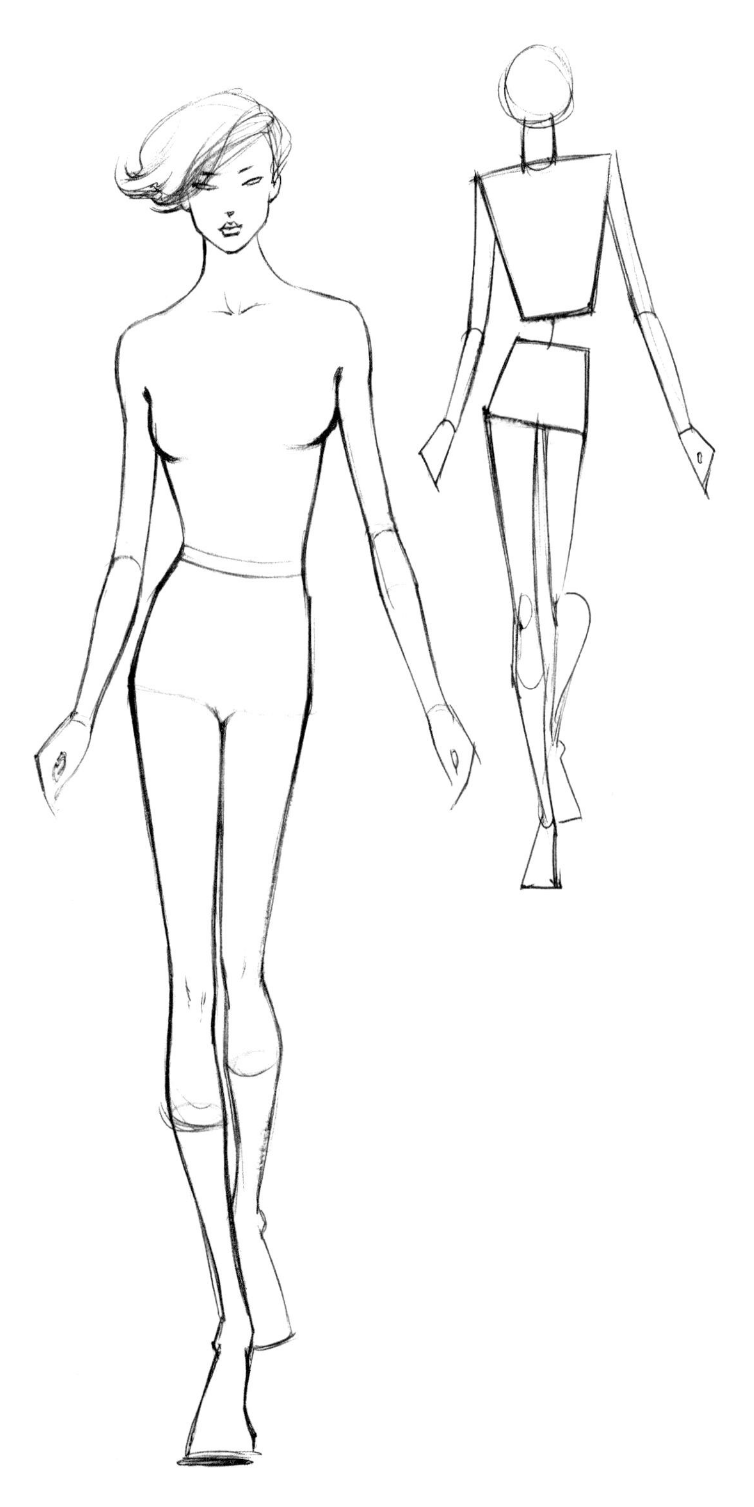

图2-52

动势二：正面站立、单腿受重的姿态。适合的服装类型比较广泛，如图2-53所示。

动势要点：重心落在一条腿上，另一条腿可弯可直；肩部可以微斜，也可以是水平的。动势中，如果改变发型和脸部，气质也会发生变化。

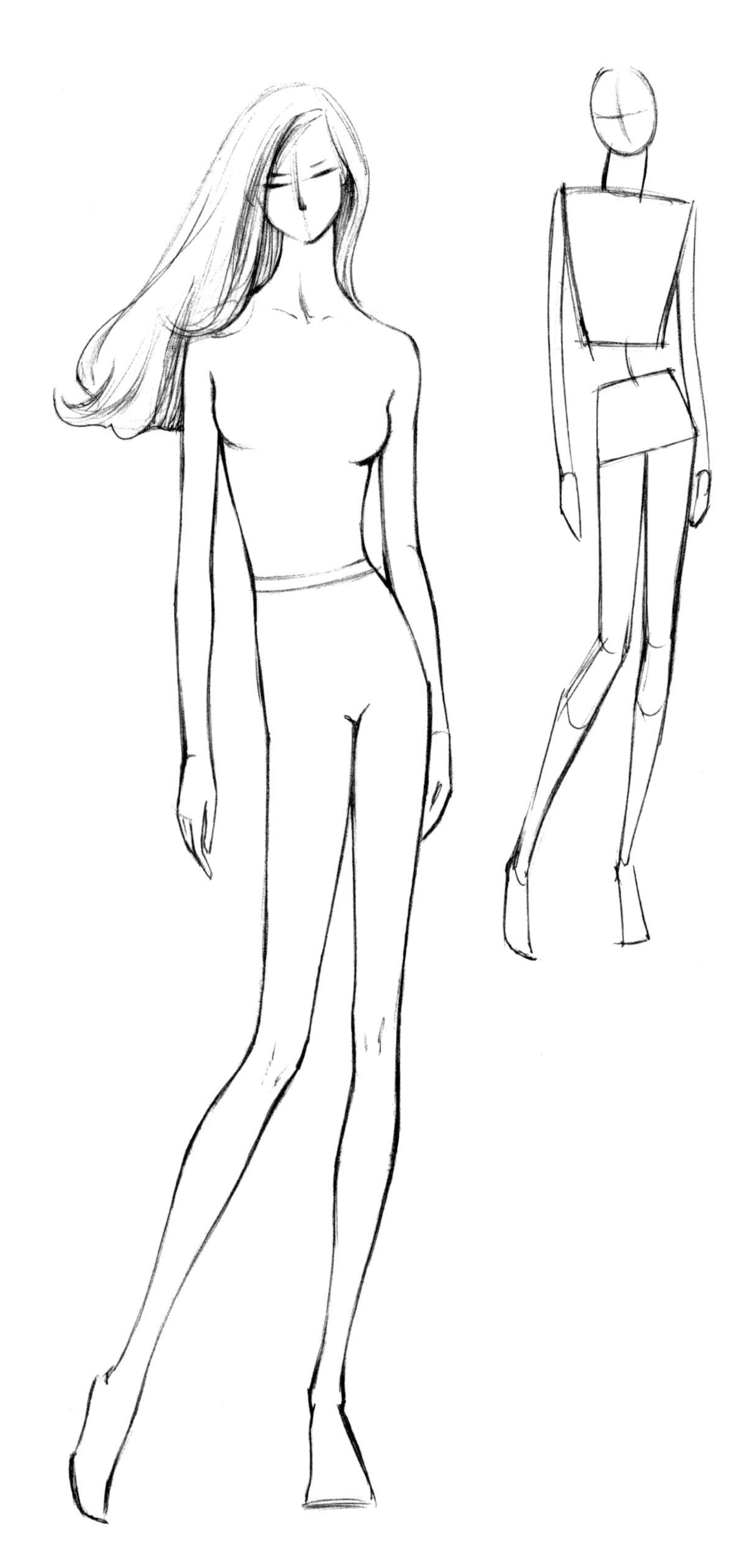

图2-53

动势三：斜侧站立、单腿受重的姿态。适合的服装类型比较广泛，如图2–54所示。

动势要点：重心落在一条腿上，另一条腿可弯可直；肩部可以微斜，也可以是水平的。动势中，如果改变发型和脸部，气质也会发生变化。

图2–54

动势四：斜侧站立的姿态。适合表现侧缝开衩的旗袍或上紧下松的鱼尾裙类服装，如图2-55所示。

动势要点：臀部抬高的一侧在远处，受重的脚落在重心线上；大腿贴紧，小腿打开。

图2-55

动势五：斜侧站立、单腿伸出的姿态。适合表现前中缝打开或大下摆裙、礼服类等膨大造型的服装，如图2–56所示。

动势要点：受重的脚落在重心线上，另一条腿向前伸出；躯干向后仰。

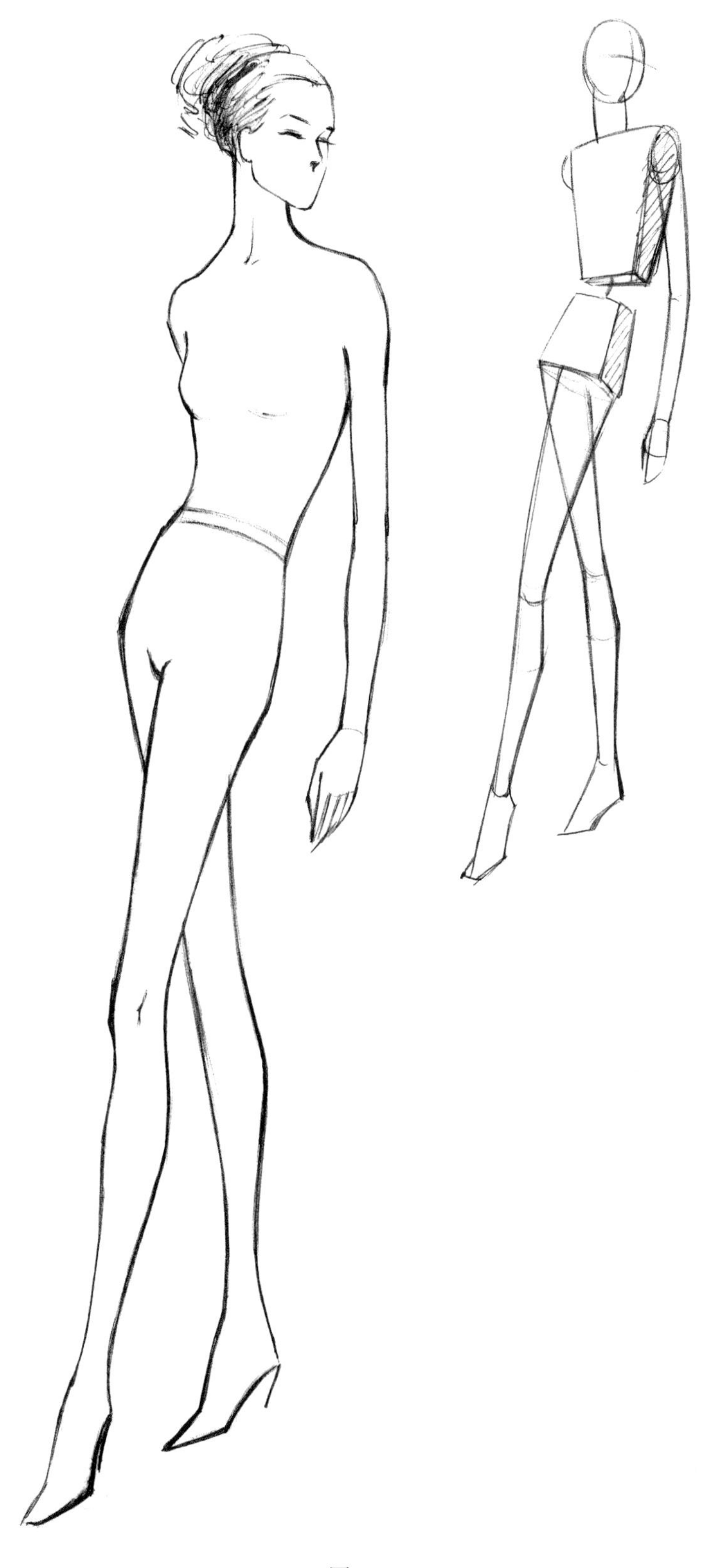

图2–56

动势六：侧身站立的姿态。适合表现丝绸材质的裙、礼服类等飘逸服装，服装可画成向后飞扬的状态，如图2–57所示。

动势要点：躯干向后仰，背部曲线变化大；头部可扬起，也可低下，呈现飘逸出尘的气质。

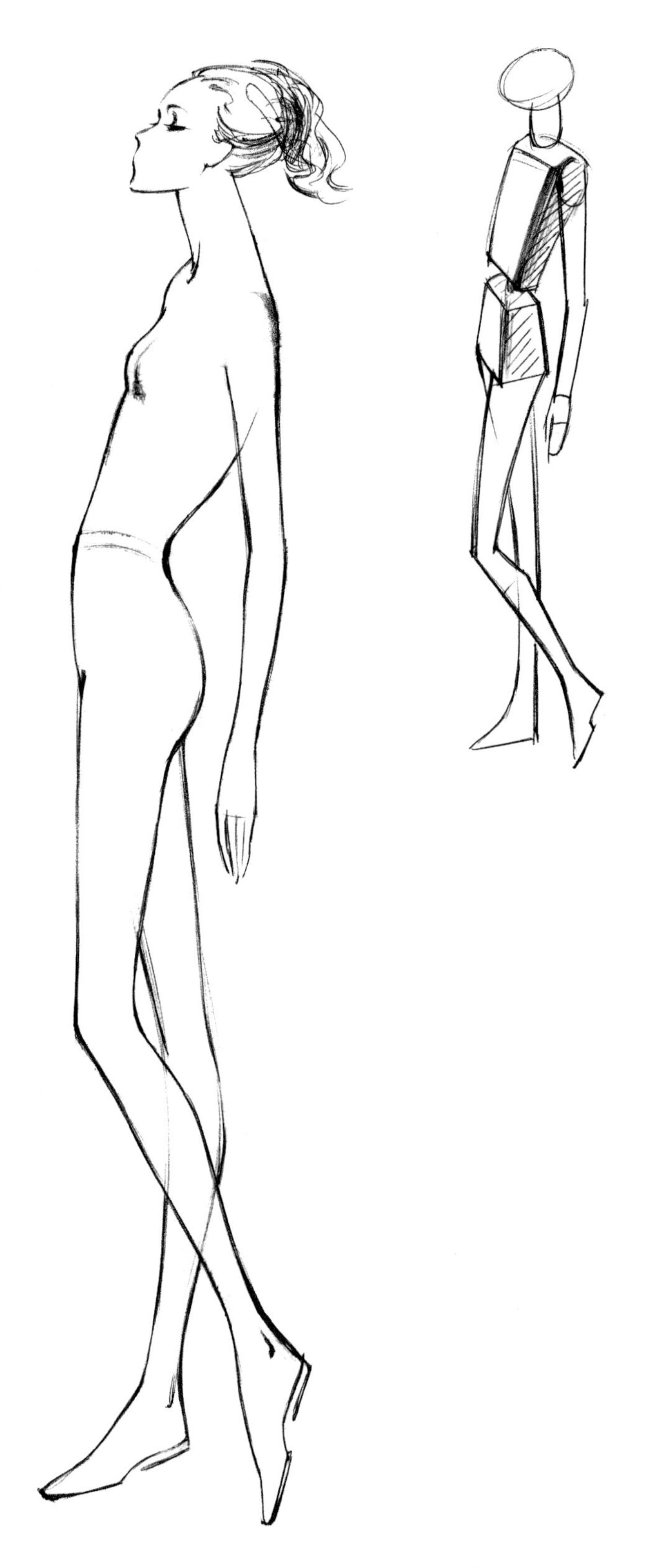

图2–57

动势七：背面直立的姿态。适合表现背部有设计感的服装，如图2–58所示。

动势要点：头部可画成微侧的造型，看到部分侧脸。一方面显得灵活，另一方面比完全画成背面的头部容易出效果。

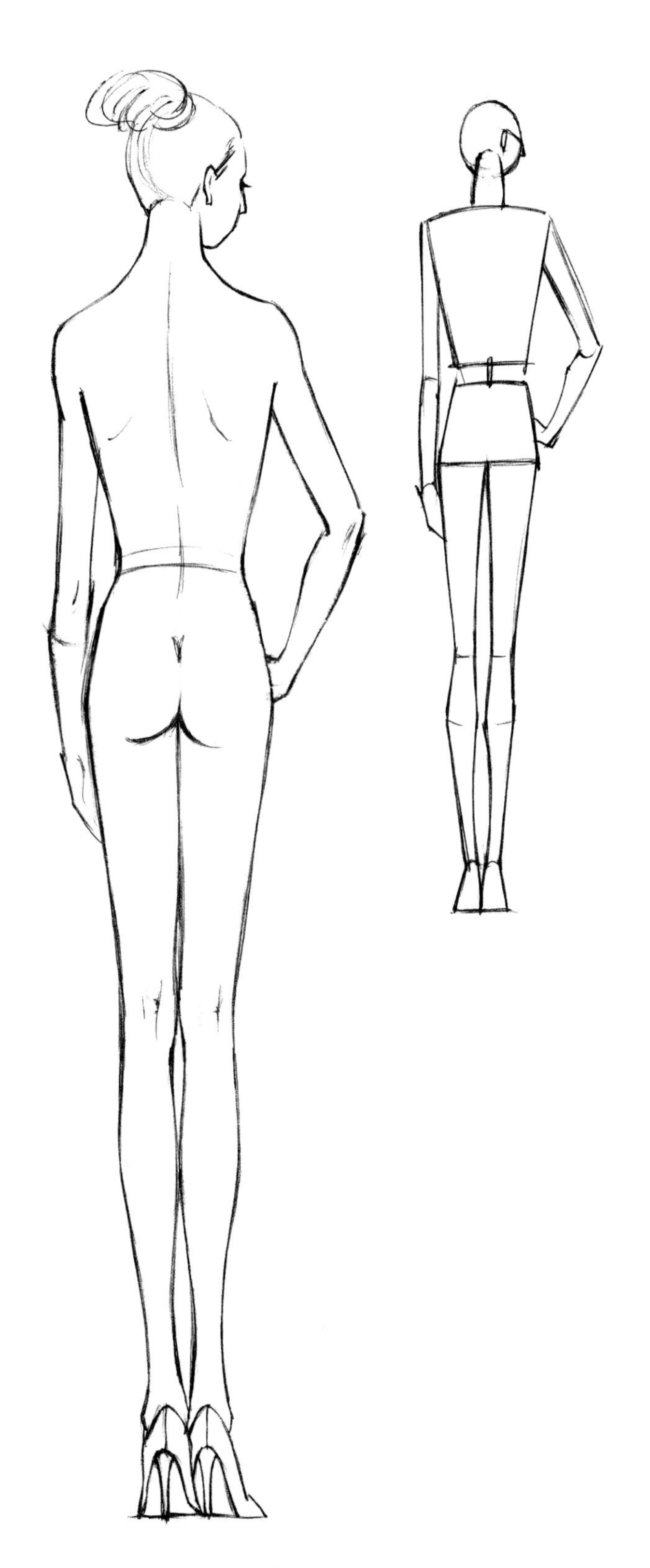

图2–58

动势八：背面斜侧站立的姿态。适合表现背部有设计感的礼服、婚纱类服装，如图2-59所示。

动势要点：头部可画成斜侧的造型；手臂画成叉腰的姿势，露出腰部的设计细节。

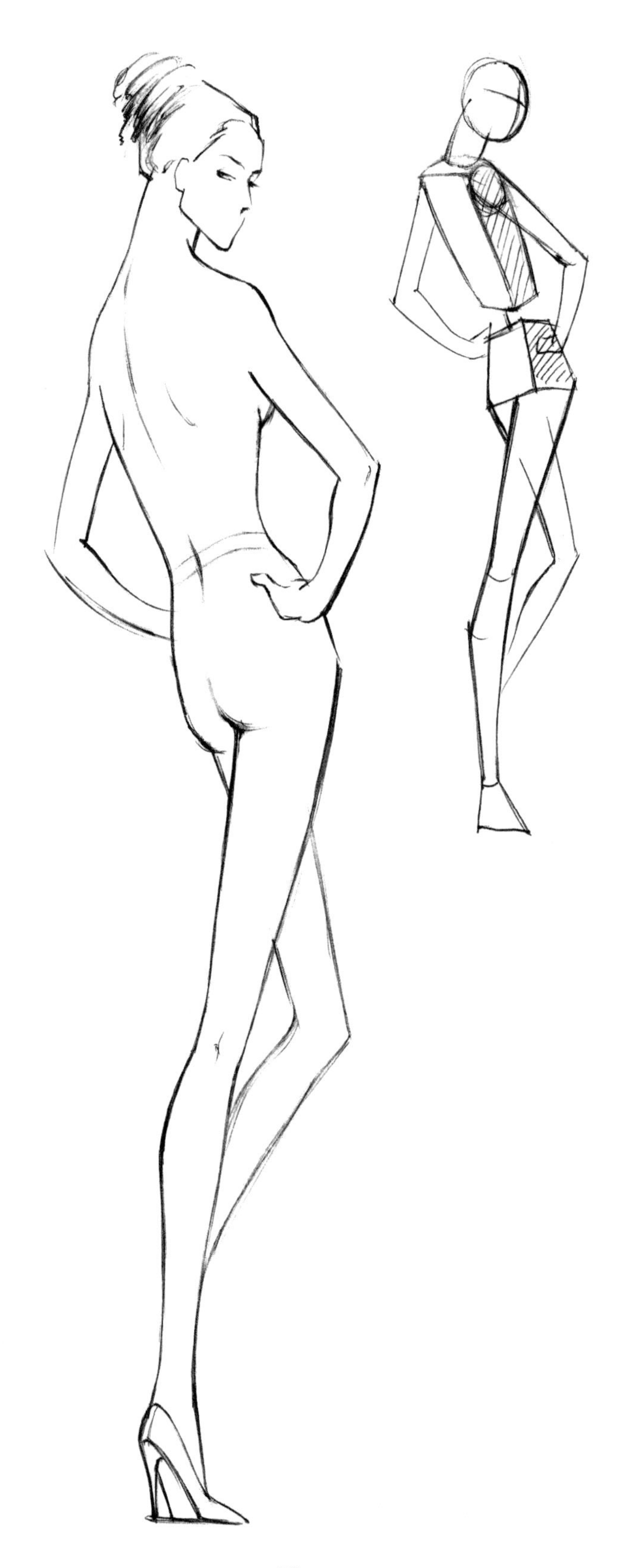

图2-59

三、男性人体表现

（一）正面人体的画法

图2–60、图2–61给出了一些可供参考的比例数据。

1. **纵向比例**

（1）9头身，即身体长度共9个头长。

（2）肩线在第2个头长的1/2处。

（3）肘部在第3个头长处。

（4）腰部最细处在第3个头长处稍下。

（5）臀部最宽处在第4个头长处。

（6）手腕略低于臀部最宽处。

（7）膝盖在第6个头长处。

（8）脚踝在第8个头长处。

（9）脚尖在第9个头长处稍上。

2. **横向比例**

（1）头宽约为头长的2/3。

（2）肩宽大于2个头宽。

（3）腰宽略大于1个头长。

（4）臀宽小于肩宽。

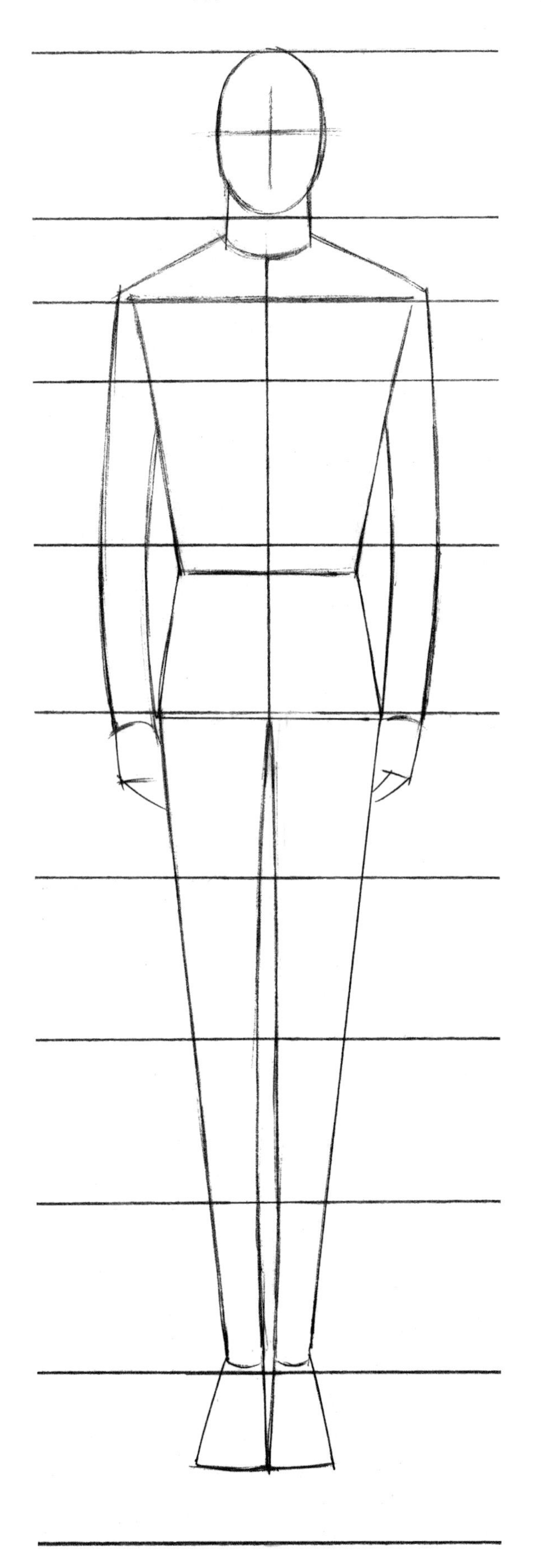

图2–60

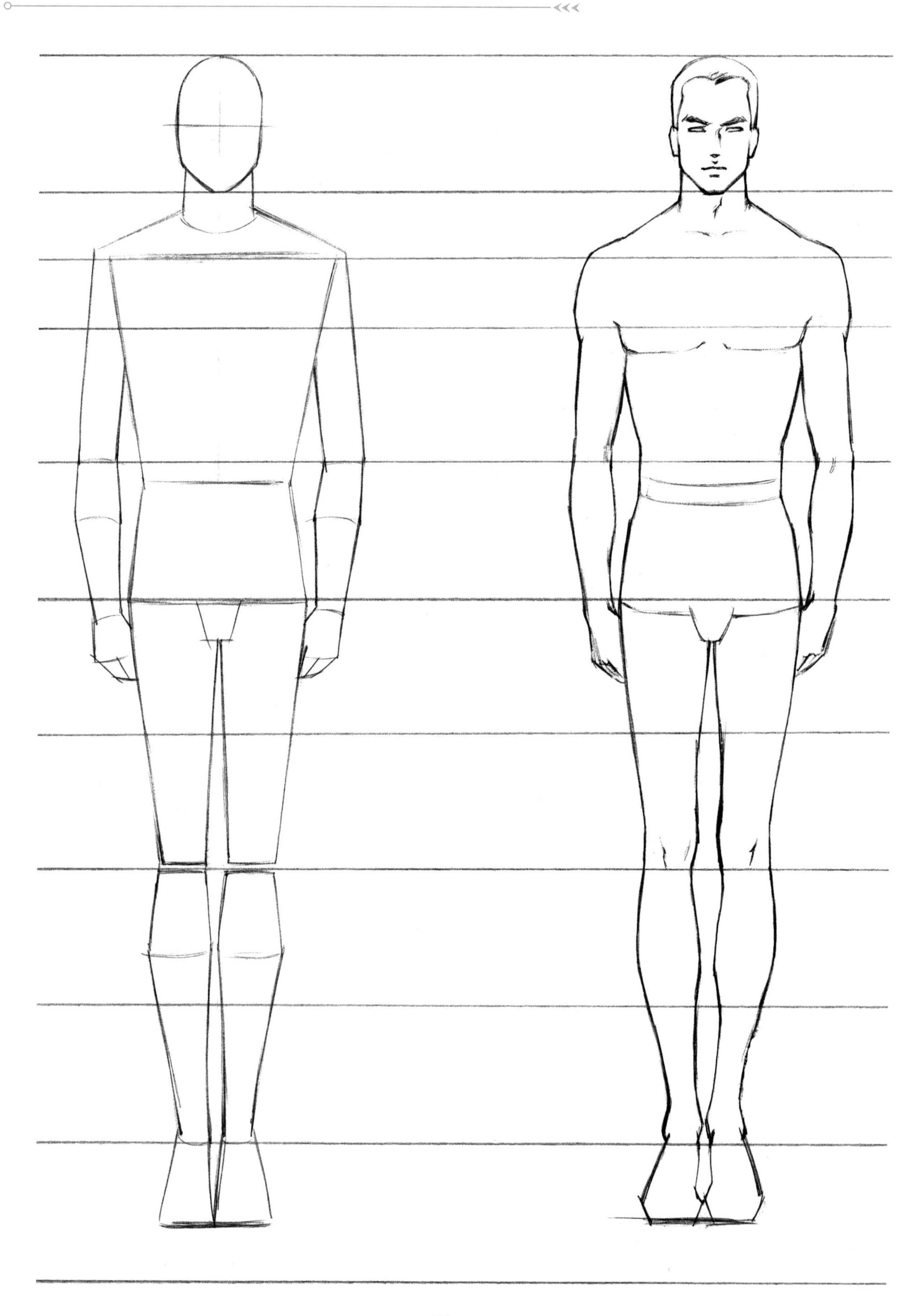

图2-61

（二）斜侧面人体的画法

观察图2-62、图2-63，可以发现以下几点。

（1）斜侧面人体与正面人体相比，纵向比例不变。

（2）由于斜侧的关系，身体的宽度变窄。

（3）中心线左右产生了近大远小的变化。

（4）可以看到人体一部分侧面。

画好这个角度，身体侧面与肩膀、上臂的处理至关重要，练习时可以与正面人体比较着画。

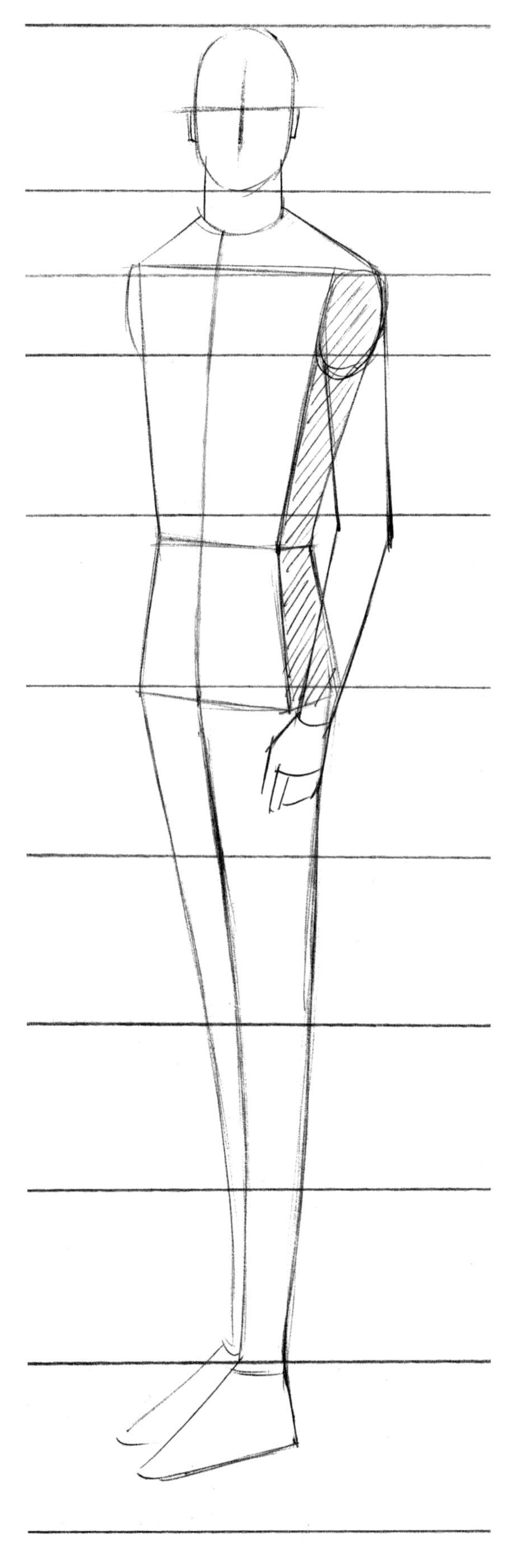

图2-62

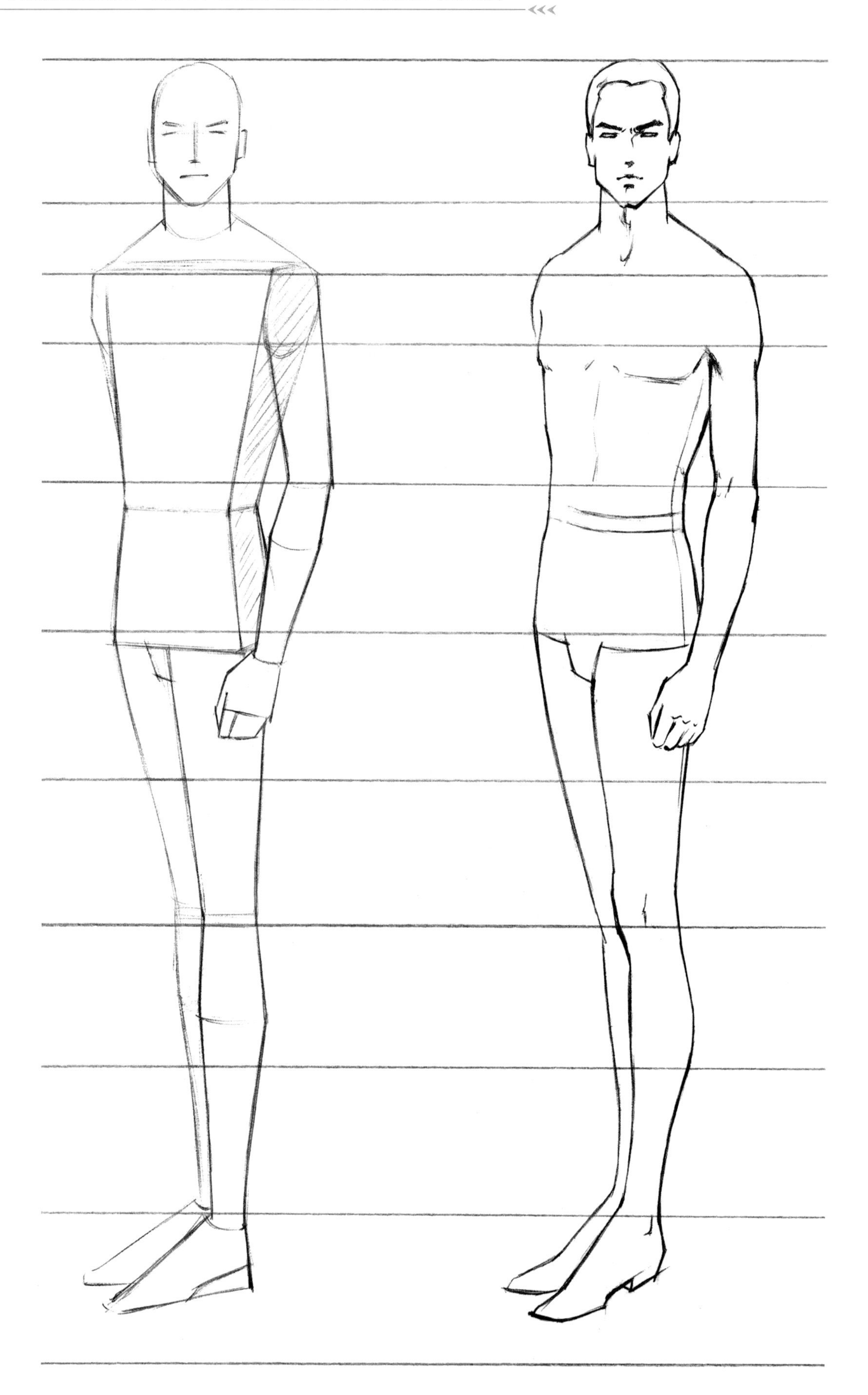

图2-63

（三）男女体型的区别

男性人体的肩部较宽，臀部较窄，腰节的位置偏低；与女性人体相比较，男性的躯干接近倒梯形，女性的躯干接近X形，如图2-64所示。

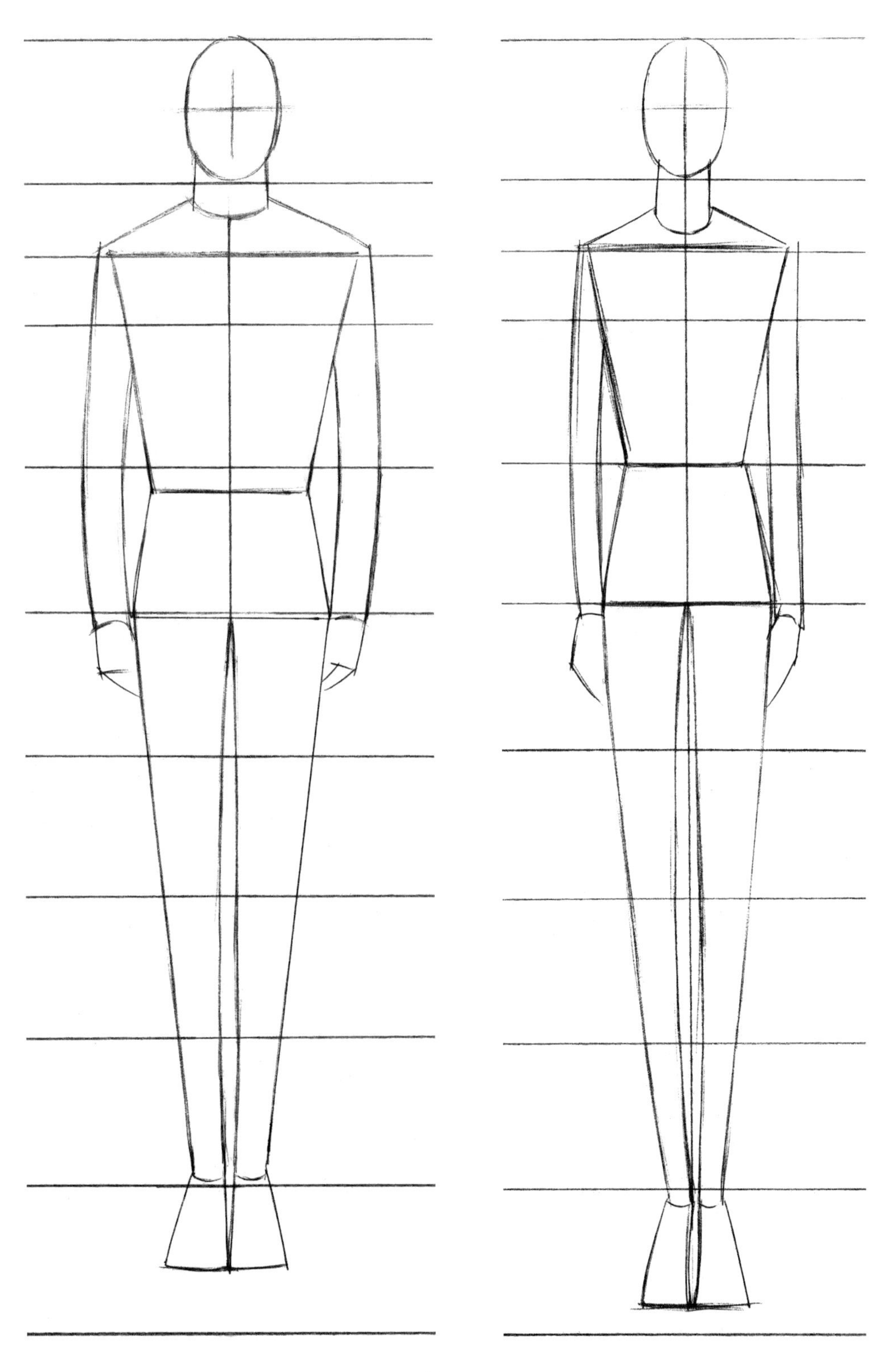

图2-64

男性骨骼和肌肉结实饱满，刻画时可适度强调。与女性相比，男性肩部宽厚，颈部粗壮，腕和手部结实有力，臀部扭动小，动态幅度不大，气质较稳健，如图2-65所示。

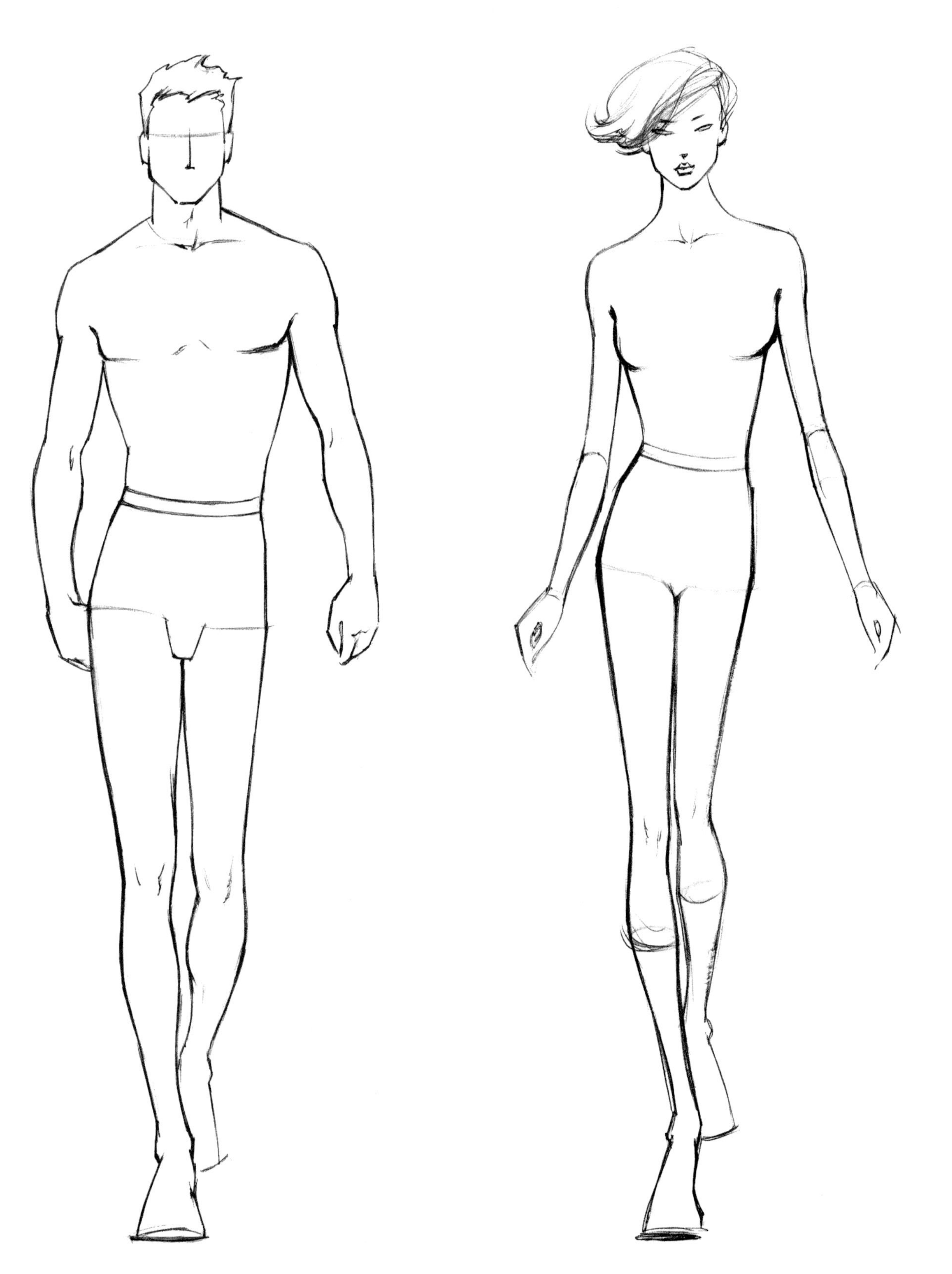

图2-65

（四）常用的几个角度和动势

动势一：正面行走的姿态。适合的服装类型比较广泛，如图2-66所示。

动势要点：重心落在一条腿上，落点在前；落点在后的腿可画得轻一些；肩部可以微斜，也可以是水平的。

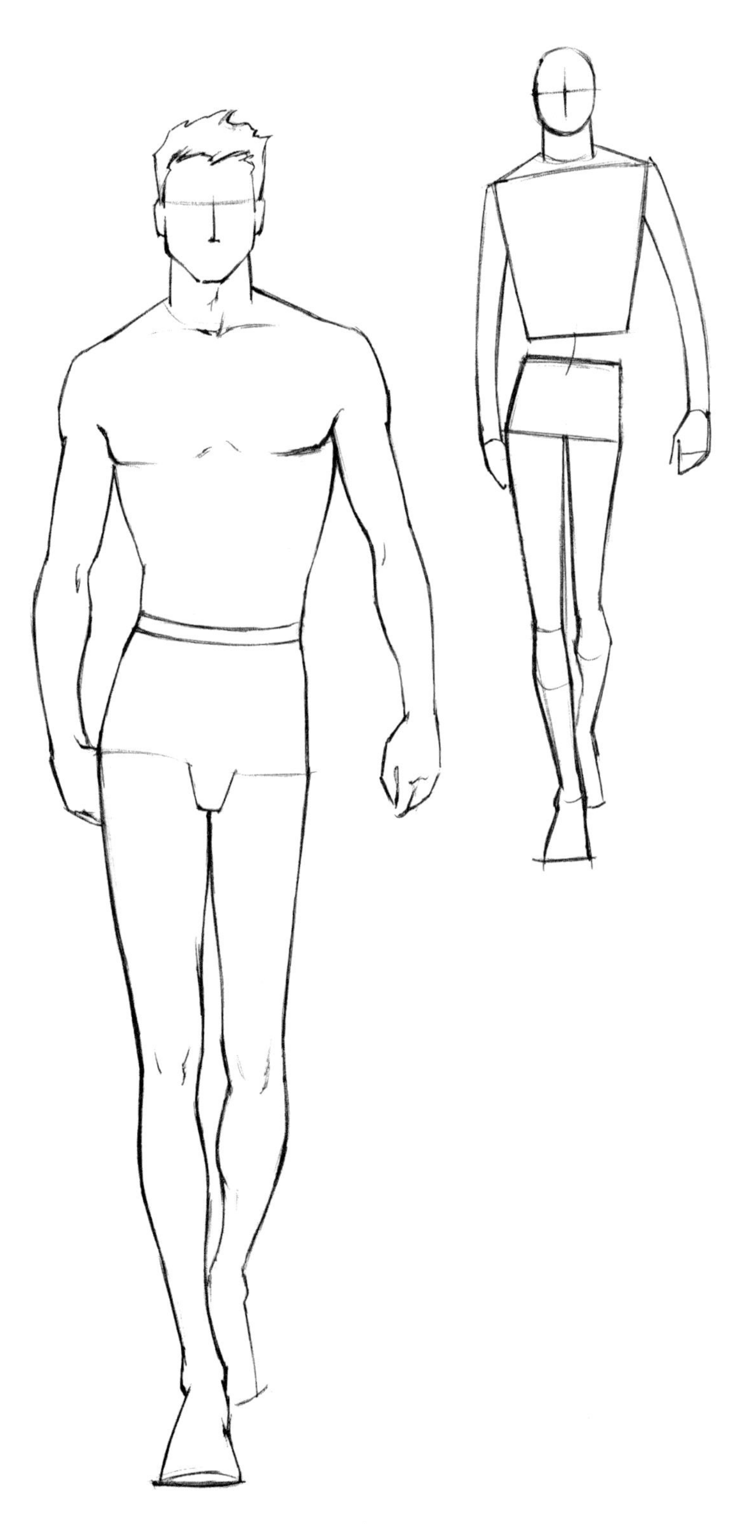

图2-66

动势二：斜侧站立，双腿受力、重心偏向一侧的姿态。适合的服装类型比较广泛，如图2-67所示。

动势要点：双腿受力，接近重心线一侧的腿直立，另一条腿可弯可直；肩部可以微斜，也可以是水平的。动势中，如果改变发型和脸部，气质也会发生变化。

图2-67

四、儿童、少年、青少年人体表现

（一）儿童、少年、青少年人体比例

通常，6～10周岁为儿童；10～14周岁为少年；14～18周岁为青少年。图2-68列举了三个年龄阶段孩童的身体比例：儿童为5个头长，头比较大，眼鼻嘴长得很近，颈部短粗，身体几乎无曲线变化，偏胖；少年为7个头长，头稍小，眼鼻嘴的距离稍远，颈部稍长，身体有了细微曲线变化，四肢也稍长；青少年为8个头长，接近成年人比例。

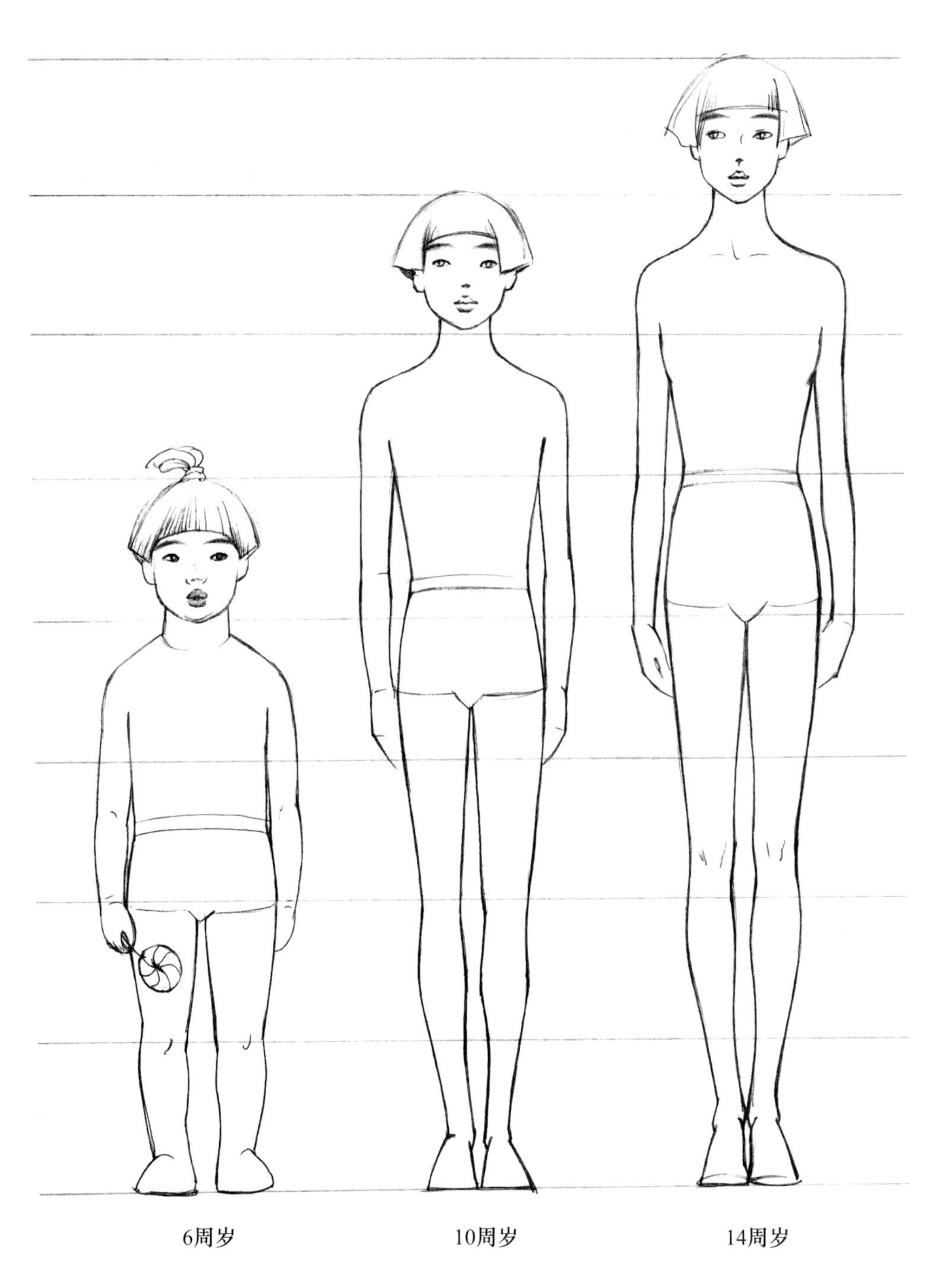

6周岁　　10周岁　　14周岁

图2-68

（二）常用的几个角度和动势

图2-69展示了不同年龄阶段孩童的姿态。

图2-69

思考题

1. 搜集一些喜欢的服装图片，思考哪些人体角度和动势适合表现它们。
2. 思考哪些服装适合采用人体的正面、斜侧面、侧面来表现。

专业知识及专业技能——

服装表现技法

课题名称： 服装表现技法

课题内容： 服装廓型和细节的表现
视平线与服装形态表达
以服装决定人体角度和动态
服装的线条与影调
服装款式图的表现

课题时间： 32课时

教学目的： 让学生掌握效果图中服装的表现技法以及款式图的表现技法。

教学方式： 教师课堂讲授、演示和范例分析，学生课堂和课后练习，教师指导等多种方式。

教学要求： 1. 了解不同类型服装的外部特征。
2. 掌握服装廓型和细节的表现技法。
3. 树立根据服装选择人体角度和动态的意识。
4. 掌握影调的作用和表现技法。
5. 掌握服装款式图的表现技法。

课前准备： 1. 教师准备不同服装造型和细节的图片以及演示用的纸和笔。
2. 学生准备A4打印纸、勾线用的中性笔或油性圆珠笔、灰色马克笔、铅笔、橡皮以及便于携带的速写板。

第三章　服装表现技法

第一节　服装廓型和细节的表现

一、服装廓型的表现

服装廓型作为造型要素，最能体现服装时代风貌和流行趋势。它给予观者非常重要的视觉印象和感受，直接决定着服装的总体气质。

在对服装廓型的表现中，初学者往往设计了很多款，但看起来都很像。一是因为他们习惯了一种表现方式；二是他们忽视了廓型可以有多样的、细腻的变化。

图3-1为以当下流行的H型和O型为源点进行的变化设计，意在以点带面地强调：即使在一个廓型中也有着极强的可塑性，不要表现得千篇一律。

图3-1

二、服装细节的表现

（一）袖子的画法

图3-2展示了袖窿线在正面和斜侧面两个角度的画法，以及西装袖和衬衫袖的画法。注意西装袖和衬衫袖肩部造型的细微差别，前者要画得挺括些。

图3-2

图3-3展示了一些基本袖型在正面和斜侧面两个角度的画法。值得注意的是，某些细节有其适合展示的动作和角度，例如，插肩袖以正面角度展示比斜侧面效果好，可以更好地表达袖窿的曲线造型；蝙蝠袖需要人体手臂抬起，以表现袖子的造型和特有的纵向褶纹。

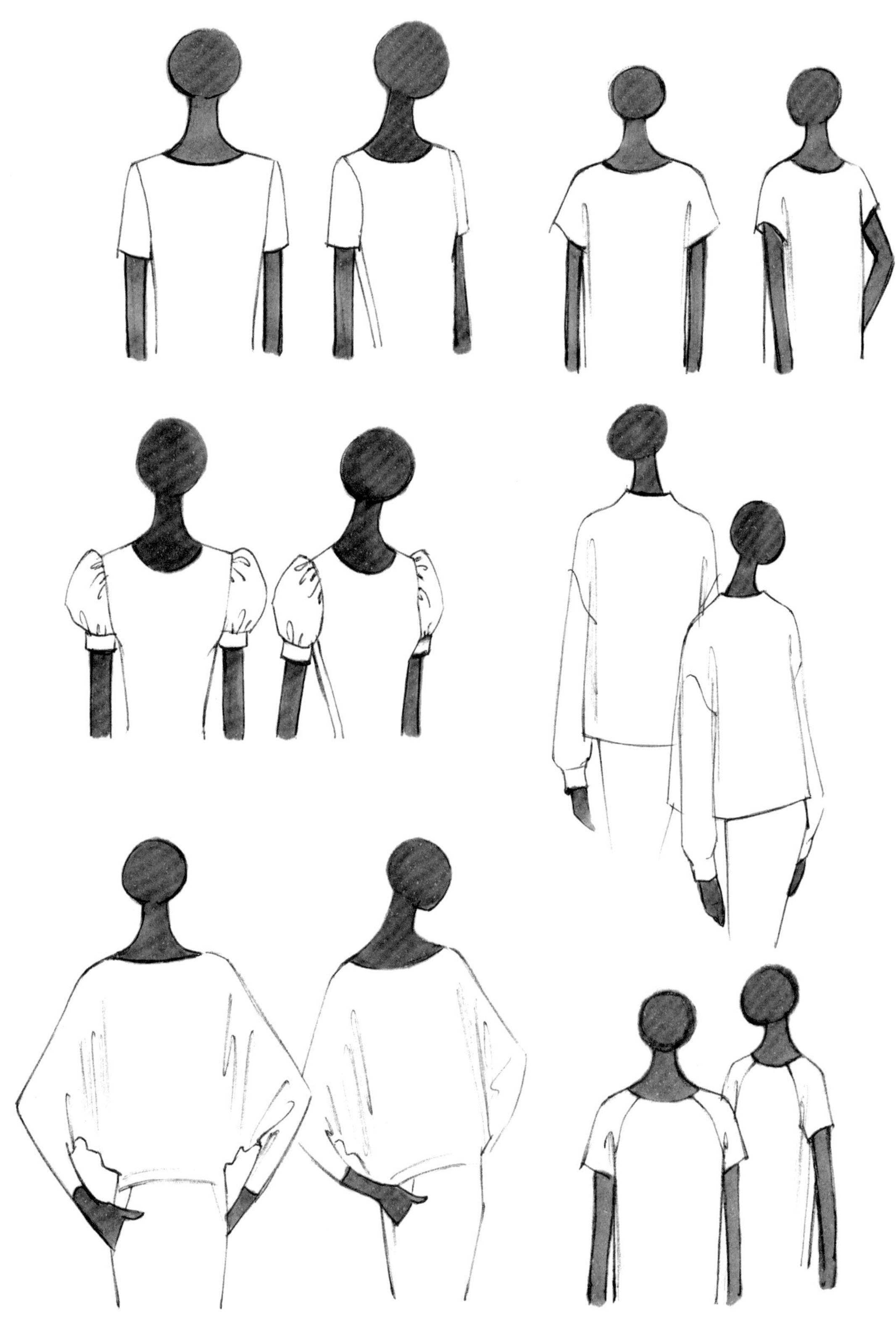

图3-3

（二）领子的画法

图3-4、图3-5展示了一些基本领型在正面和斜侧面两个角度的画法。

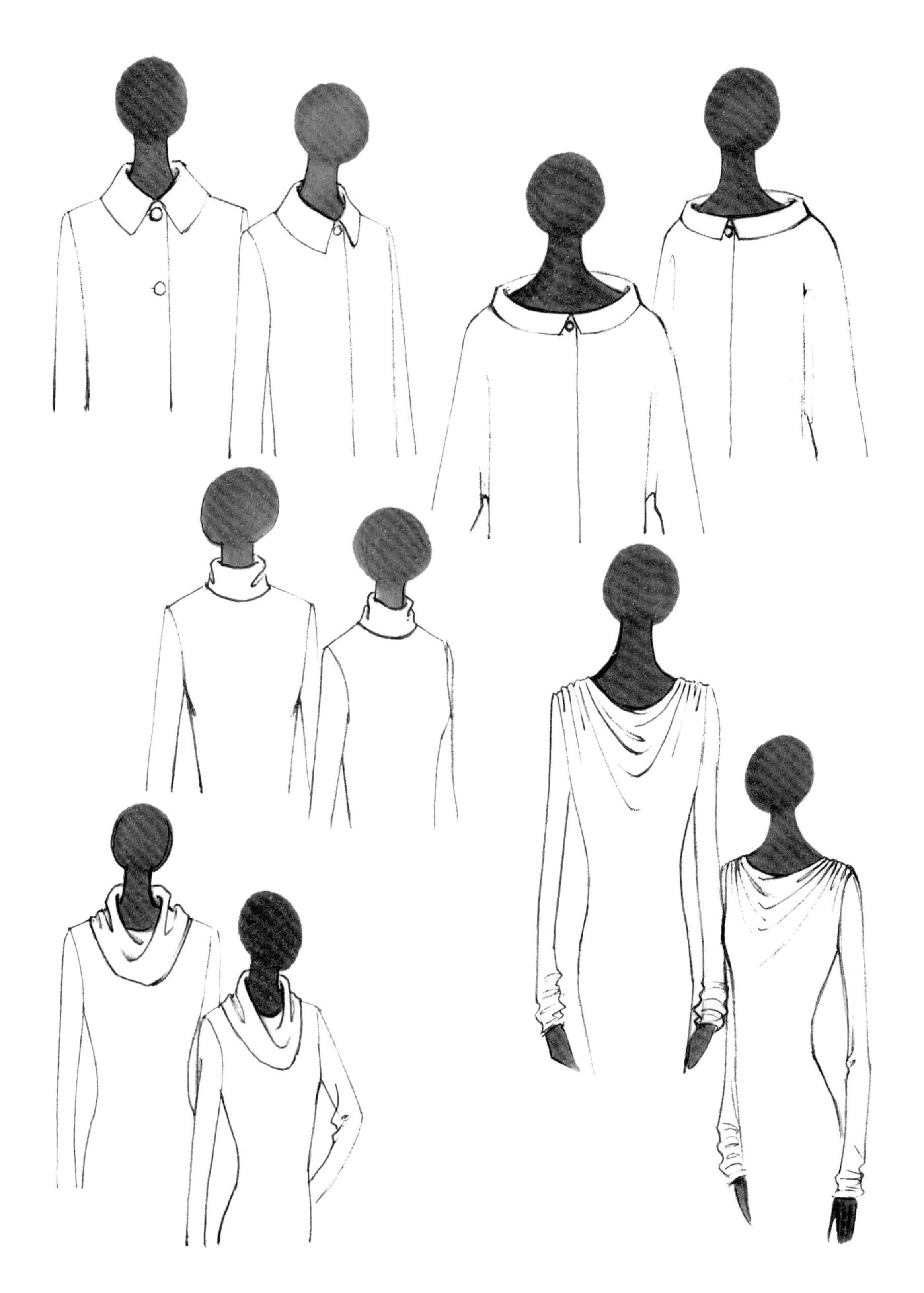

图3-4

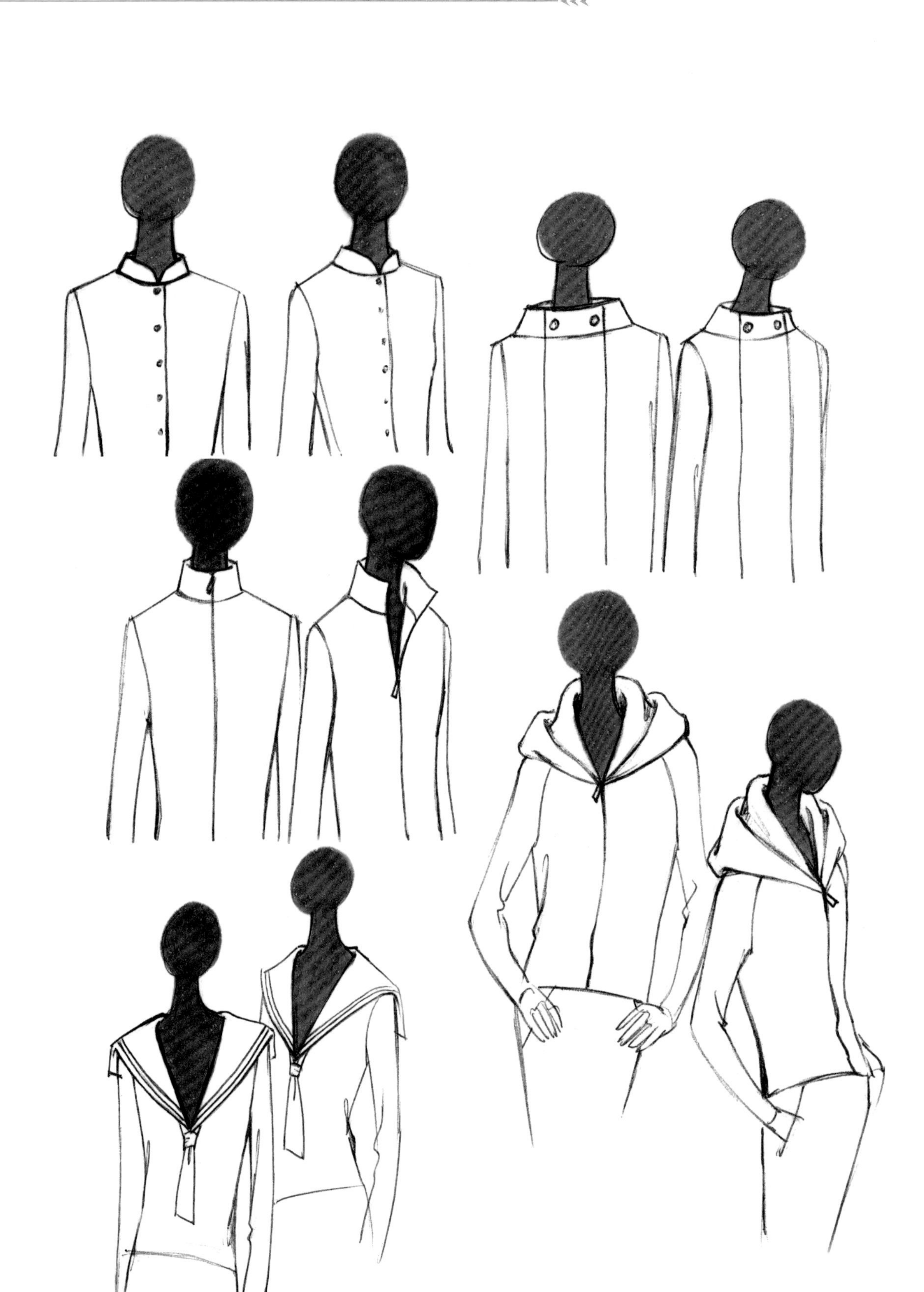

图3-5

图3-6展示的是传统西装平驳领、单排扣的画法。从左边的步骤图中可以看出前中心线的重要作用，服装上的细节如领、省道、口袋都以它为中心，扣子也在中心线上。

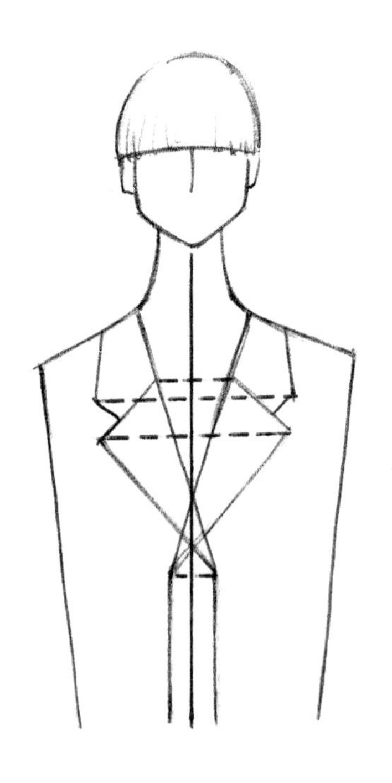

图3-6

图3-7展示的是传统西装戗驳领、双排扣的画法。从左边的步骤图中可以看出前中心线的左右两侧，领子、驳头、扣子都是对称的。

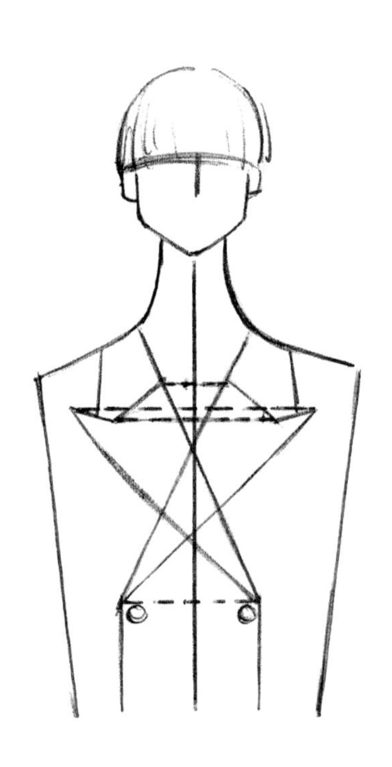

图3-7

（三）女西装上衣的画法

西装上衣具备很多基本的服装细节元素：领、驳头、袖窿线、刀背线、搭门、扣、口袋，故以它作为细节表达的范例。图3-8展示了女西装正面的画法，结构线要表现得清晰、明确、规范。

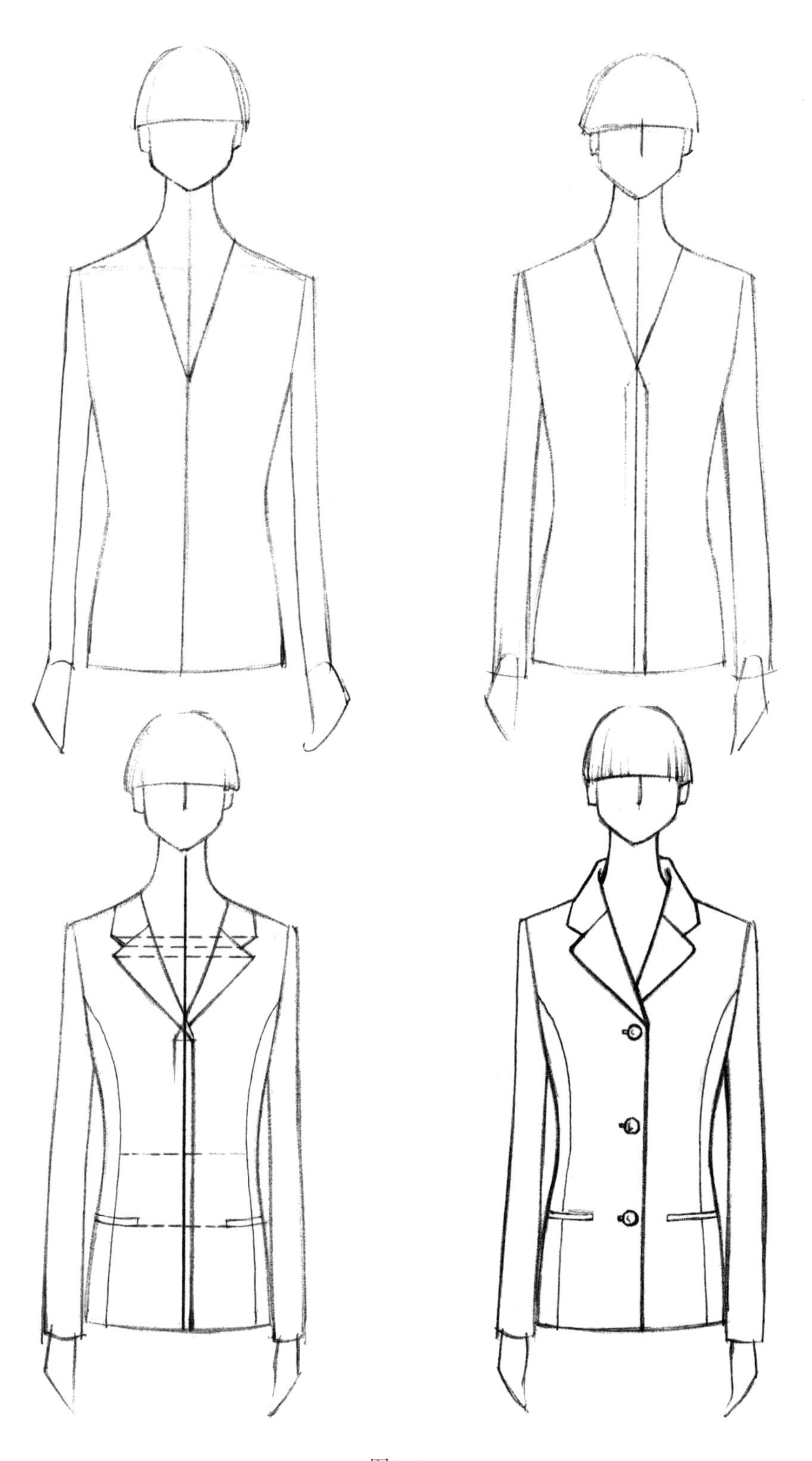

图3-8

图3–9展示了女西装斜侧面的画法，注意这个角度侧缝线的绘制。

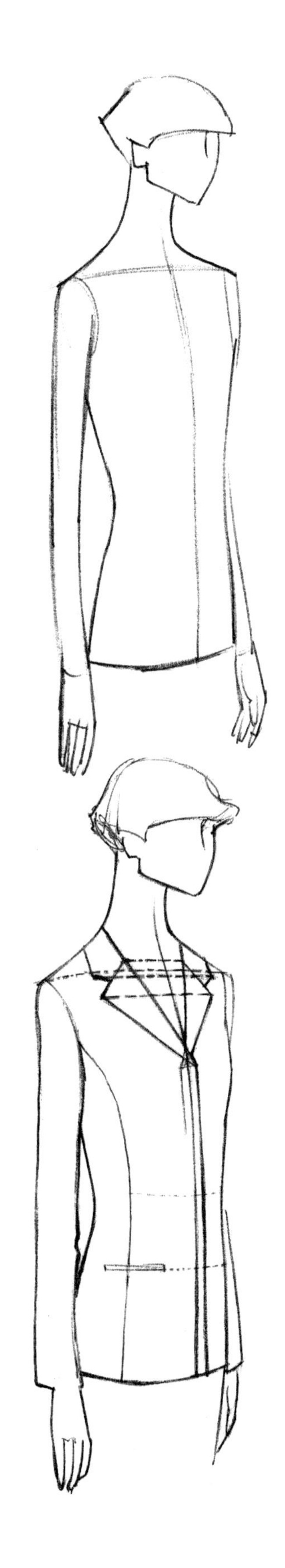

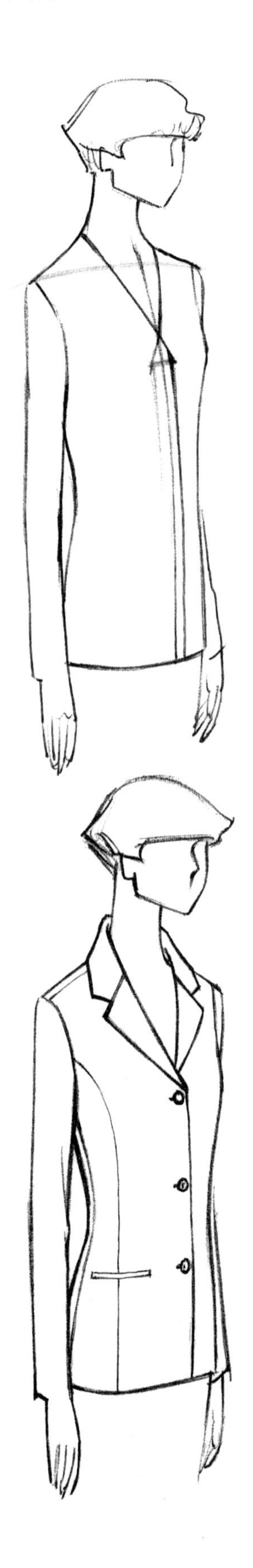

图3–9

（四）服装褶纹的画法

服装的褶纹包括人体运动产生的褶纹和工艺手段塑造的褶纹两种类型。

1. **人体运动产生的服装褶纹**

此类褶纹多出现在肘、腰、膝等部位。绘制时要对真实的衣褶进行取舍，剔除多余的线条，选择有代表性的褶纹，过多的褶纹会使服装看上去既旧又皱，并且影响结构线的表达。把常用的褶纹总结成符号记下来，自己创作时就非常方便了。

图3-10展示了因肘部弯曲，面料在袖肘部内侧形成的堆积褶纹。

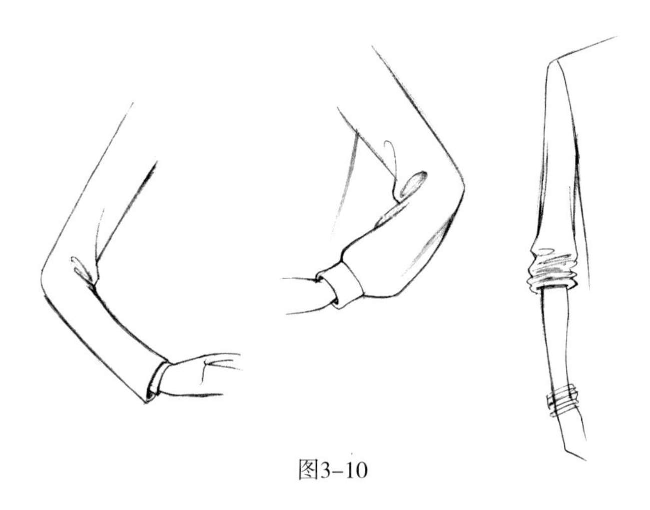

图3-10

裤子上的褶纹多出现在上裆处、膝盖内侧和裤口。图3-11展示了三种裤子在不同角度、不同动态下产生的褶纹。

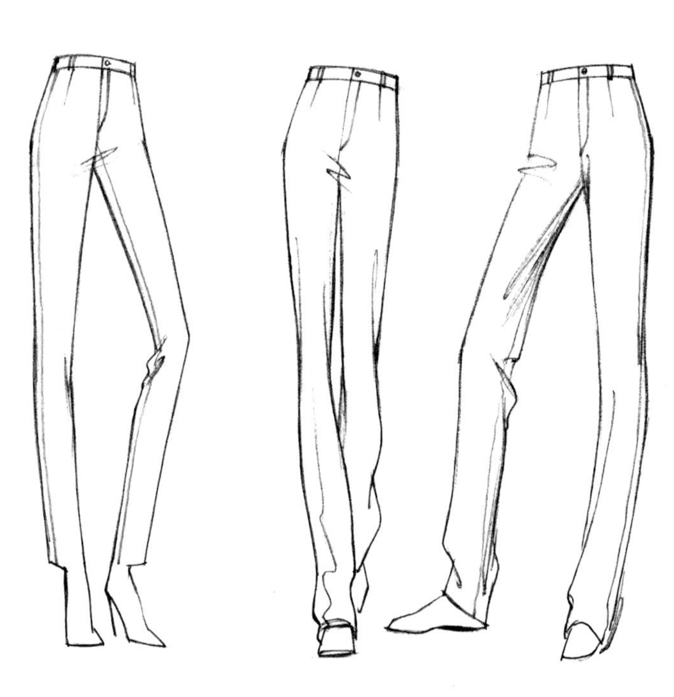

图3-11

2. **工艺手段塑造的褶纹**

（1）波形褶。它是通过斜丝裁剪利用面料的悬垂性而形成的自然波浪形褶。这种褶纹的特点是下摆有波浪，上部合体没有碎褶。

图3-12展示的是视平线偏上（即俯视）所看到的波形褶。

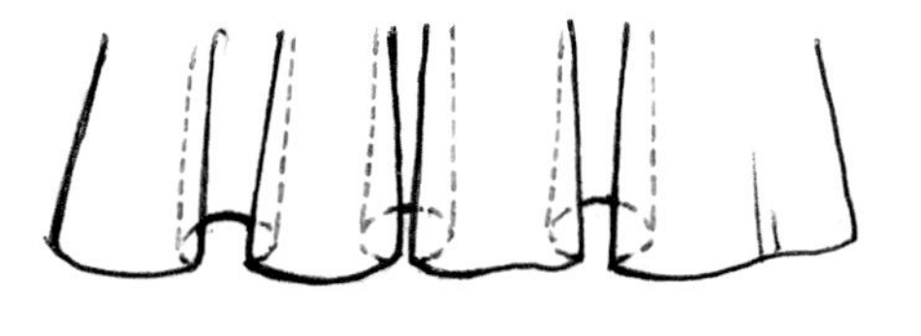

图3-12

如图3-13所示，（a）为步骤图，（b）为应用实例。注意每个波浪的宽度不要完全相同，纵向褶纹的起点要高低错落，不要画成平齐的状态。

(a)

(b)

图3-13

图3-14展示的是视平线偏下（即仰视）所看到的波形褶，此时能看到底摆的里侧。

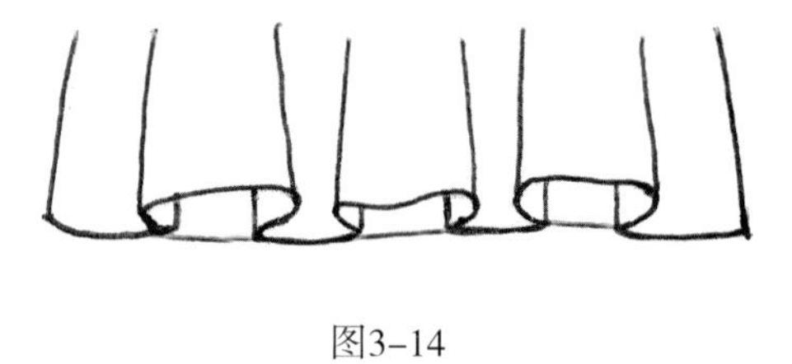

图3-14

如图3-15所示，（a）为步骤图，（b）为应用实例。

(a)

(b)

图3-15

（2）瀑布褶。它是从缝合的某一点由上向下、自然下垂形成的“之”字形褶纹。图3-16展示的是瀑布褶，（a）为步骤图，（b）为应用实例。

(a) (b)

图3-16

（3）抽褶。它是把面料的上端抽缩成碎褶，下端自然形成波浪形。图3-17展示的是抽褶。

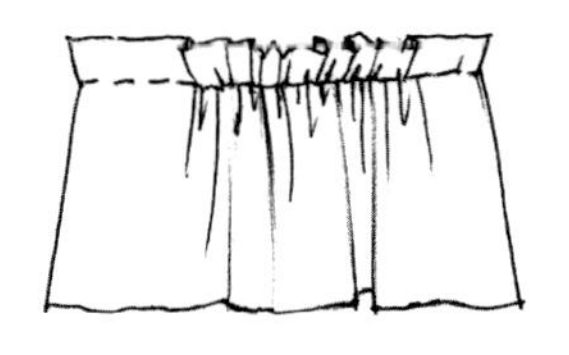

图3-17

图3-18展示的是画抽褶时的要点和禁忌。左边图正确，右边图错误。

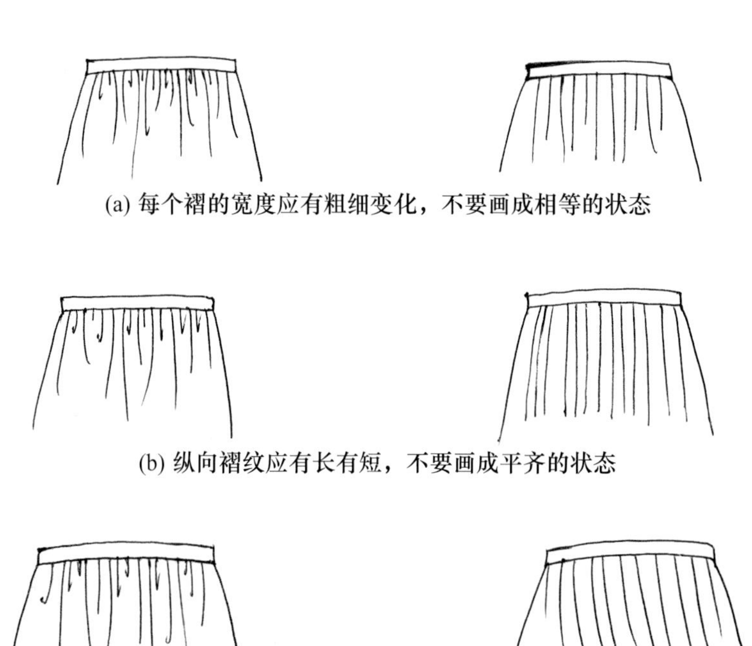

(a) 每个褶的宽度应有粗细变化，不要画成相等的状态

(b) 纵向褶纹应有长有短，不要画成平齐的状态

(c) 每个褶的方向可以有小变化，但总体应与下摆和腰头连顺，不要画成不相关的状态

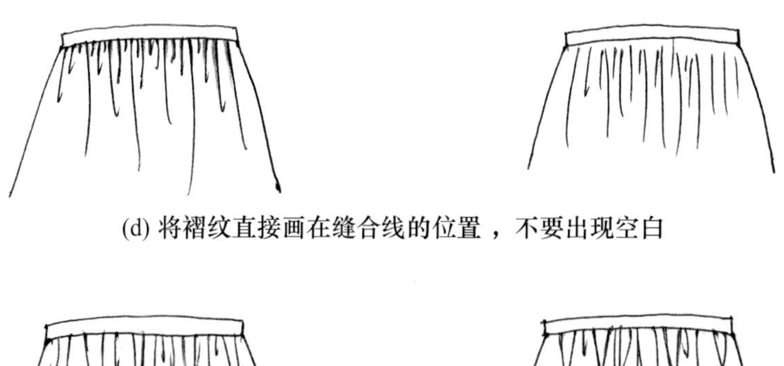

(d) 将褶纹直接画在缝合线的位置，不要出现空白

(e) 褶纹和下摆的波浪连接顺畅，不要画成交叉的状态

图3-18

图3-19展示的是抽褶元素在多层裙中的运用，（a）为步骤图，（b）为应用实例。

(a)

(b)

图3-19

图3-20展示的是抽褶元素在长裙中的运用，抽的碎褶要与下摆的波浪连接顺畅。（a）为步骤图，（b）为应用实例。

(a)

(b)

图3-20

（4）泡泡褶。它是把宽大的面料底边抽缝后从里侧向上牵拉，形成花苞型褶。图3-21展示的是抽褶和泡泡褶两个内容。（a）为步骤图，（b）为应用实例。

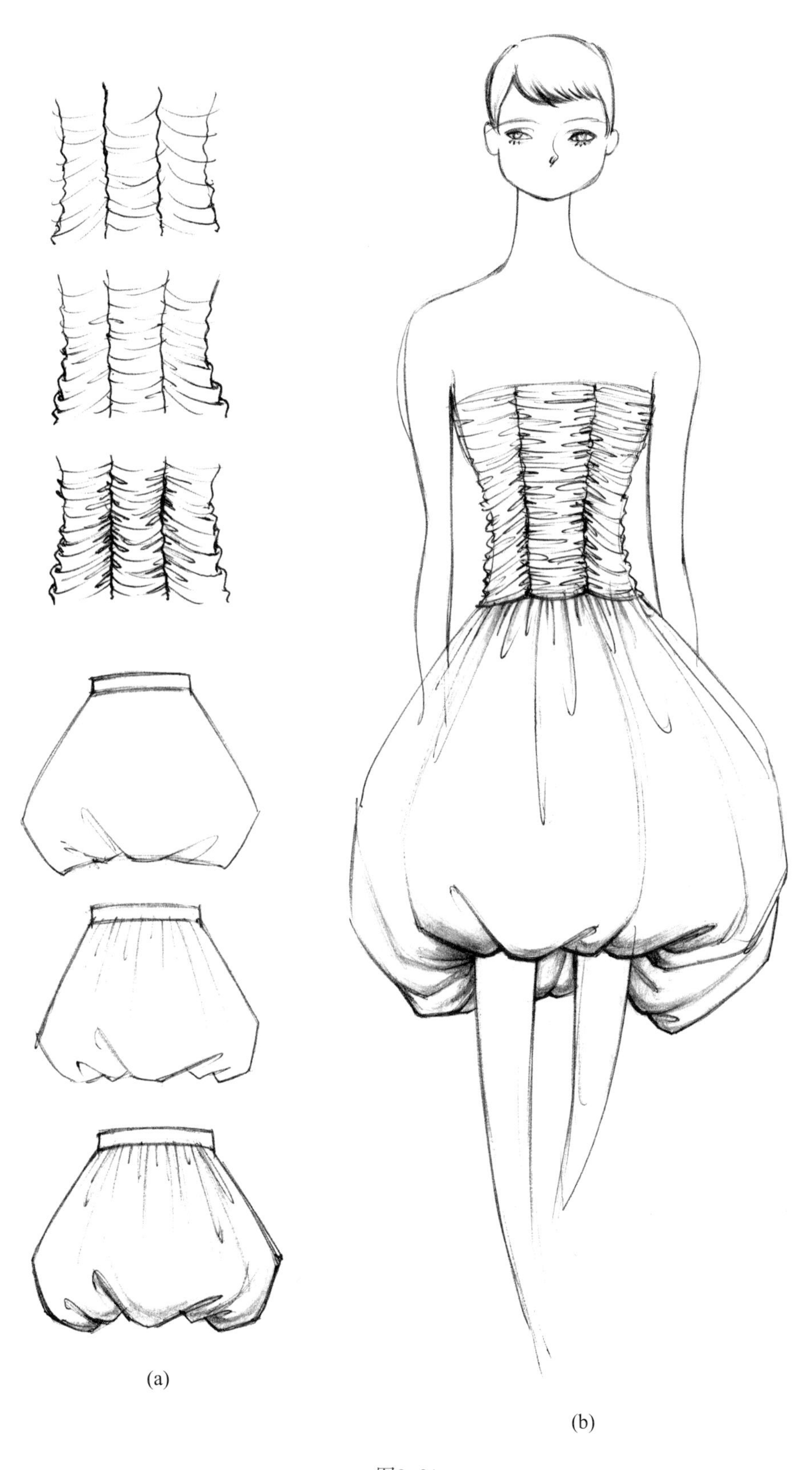

(a)

(b)

图3-21

（5）伞褶。它是把面料按照一定规律折叠后所产生的褶裥，具有特定的秩序性。图3-22展示的是伞褶。

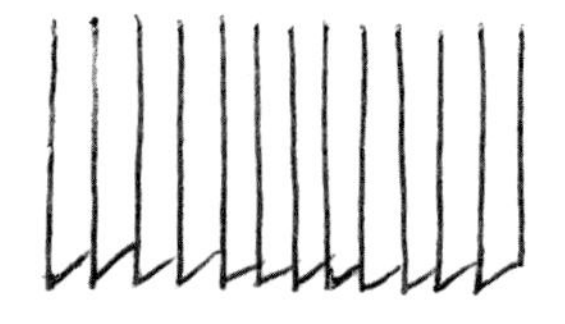

图3-22

图3-23展示的是伞褶元素在百褶裙中的运用，（a）为步骤图，（b）为应用实例。

(a)　(b)

图3-23

第二节　视平线与服装形态表达

一、服装效果图中的视平线

视平线，是与观察者眼睛平行的水平线。

在服装效果图中， 位于视平线以上的服装，横向形态呈向上的弧线；而位于视平线以下的服装，横向形态则呈向下的弧线。

视平线的选择，决定了袖口、腰带、衣摆、裙摆、裤口的弧线形态以及服装上横条纹图案的走向。

二、视平线与服装横向形态

（一）不同高低的视平线会产生不同的透视效果

图3-24展示了几种不同的视平线高度，从中可以看出，视平线高度可以是多变的。其中，图3-24（a）的视平线在人体股骨上端连线处，人体看起来有仰视的感觉，如同走秀的模特；图3-24（c）的视平线在人体眼睛处，人体看起来比较写实；图3-24（b）的视平线在人体腰围线上，效果介于两者之间。

本书接下来将以图3-24（a）和图3-24（c）的视平线高度为例，分析视平线对服装横向形态的影响。

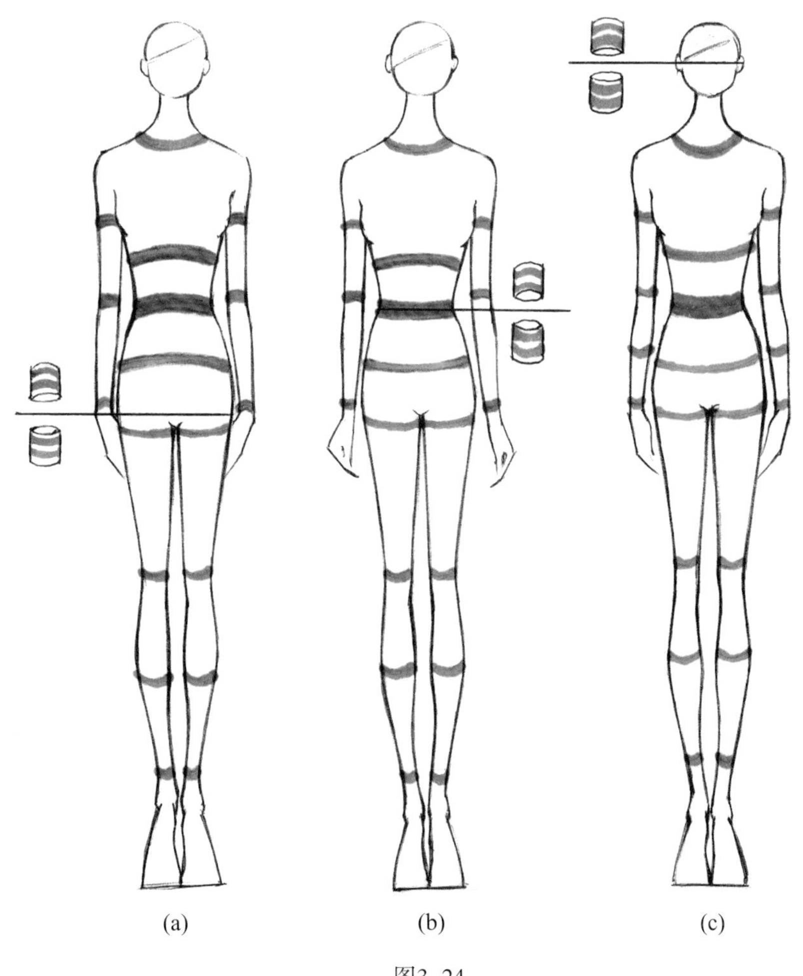

(a)　(b)　(c)

图3-24

（二）视平线在人体股骨上端连线处的服装横向形态

如图3-25所示，视平线在人体股骨上端连线处。位于其以上的服装，横向形态呈向上的弧线；而位于其以下的服装，横向形态则呈向下的弧线。

与图3-24不同的是，由于人体动态和转动角度的不同， 袖口、腰带、裙摆、裤口的弧线形态以及服装上横条纹图案的走向都有所变化。领口线可以不考虑视平线的因素。

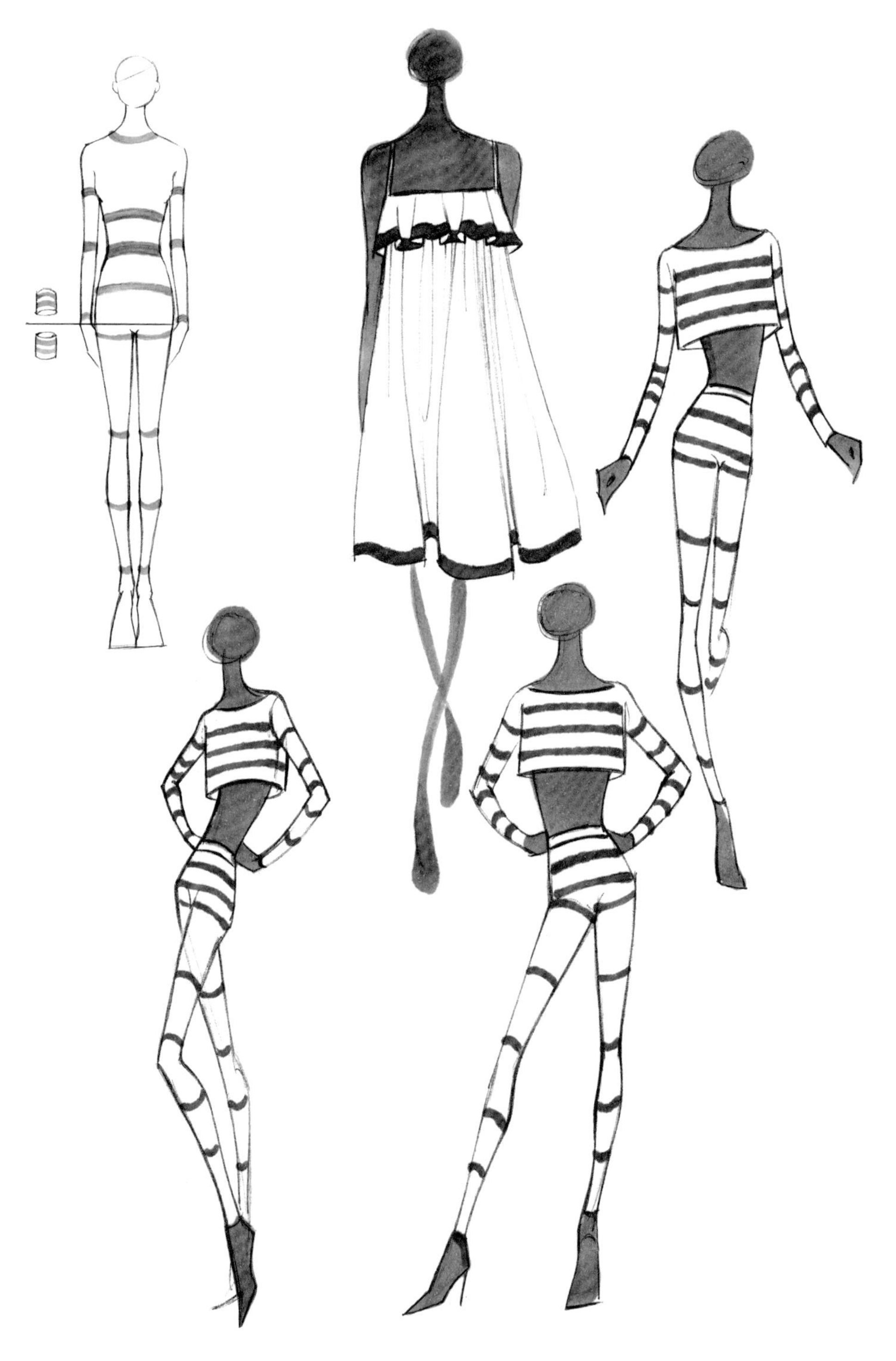

图3-25

（三）视平线在人体眼睛处的服装横向形态

如图3–26所示，视平线在人体眼睛处。服装的横向形态呈向下的弧线。

与图3–25视平线在人体股骨上端连线处相比，少了几分仰视的感觉，人体看起来没有那么高，使服装更好处理一些。以其中的连衣裙为例，上衣底摆弧线向下，看不到面料的里侧，比较好画。而图3–25中的服装，由于视平线的原因，能看到面料里侧，处理起来更麻烦一些。

所以，在绘制服装效果图时，视平线位置的选择，可以结合具体的服装款式以及绘者的能力灵活变通，不是固定的。

图3–26

第三节　以服装决定人体角度和动态

服装效果图表现的主体是服装，这就要求人物姿势的选择以能表现服装的形态和风格为前提。绘制时首先要确定服装廓型的特点，以及哪些细节要强调，之后选择一个合适的角度和姿势来表现它们。本节将列举一些实例加以说明。

图3-27表现的是西服套装、职业装类的服装，气质成熟严谨，选择的人物动势端庄文静。区别是左图裙子下摆是打开的，腿部的造型可以大一些；右图裙子下摆收紧，两腿就要合拢。

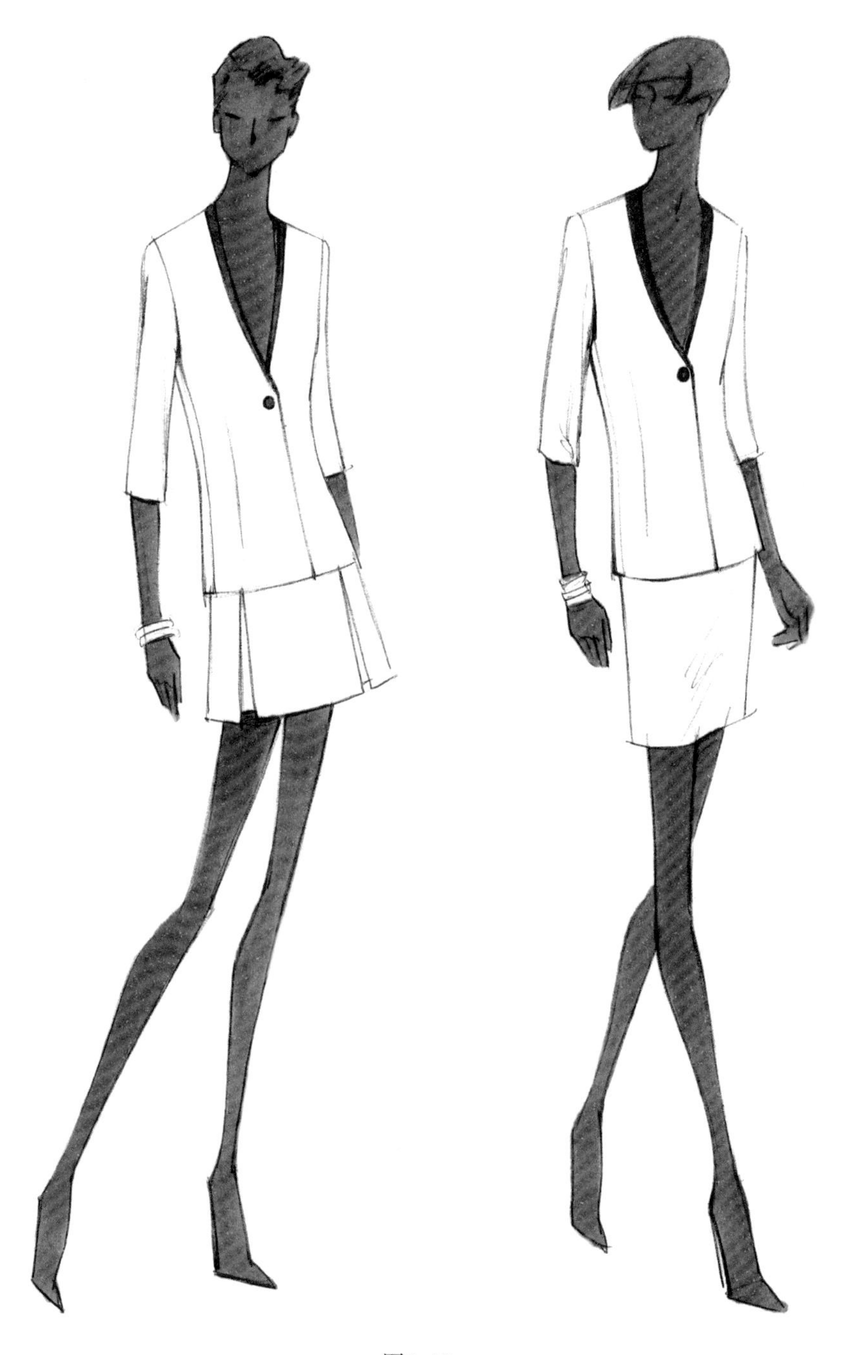

图3-27

图3-28表现的是紧身裙类的服装，气质端庄娴静，选择的人物动势不宜过大，尤其腿部不能有大动作。而且，这两款服装的设计点都在体侧，所以选择了斜侧面角度。区别是右图裙子的下摆侧开衩，单腿伸出的造型更好地突出了这个细节。

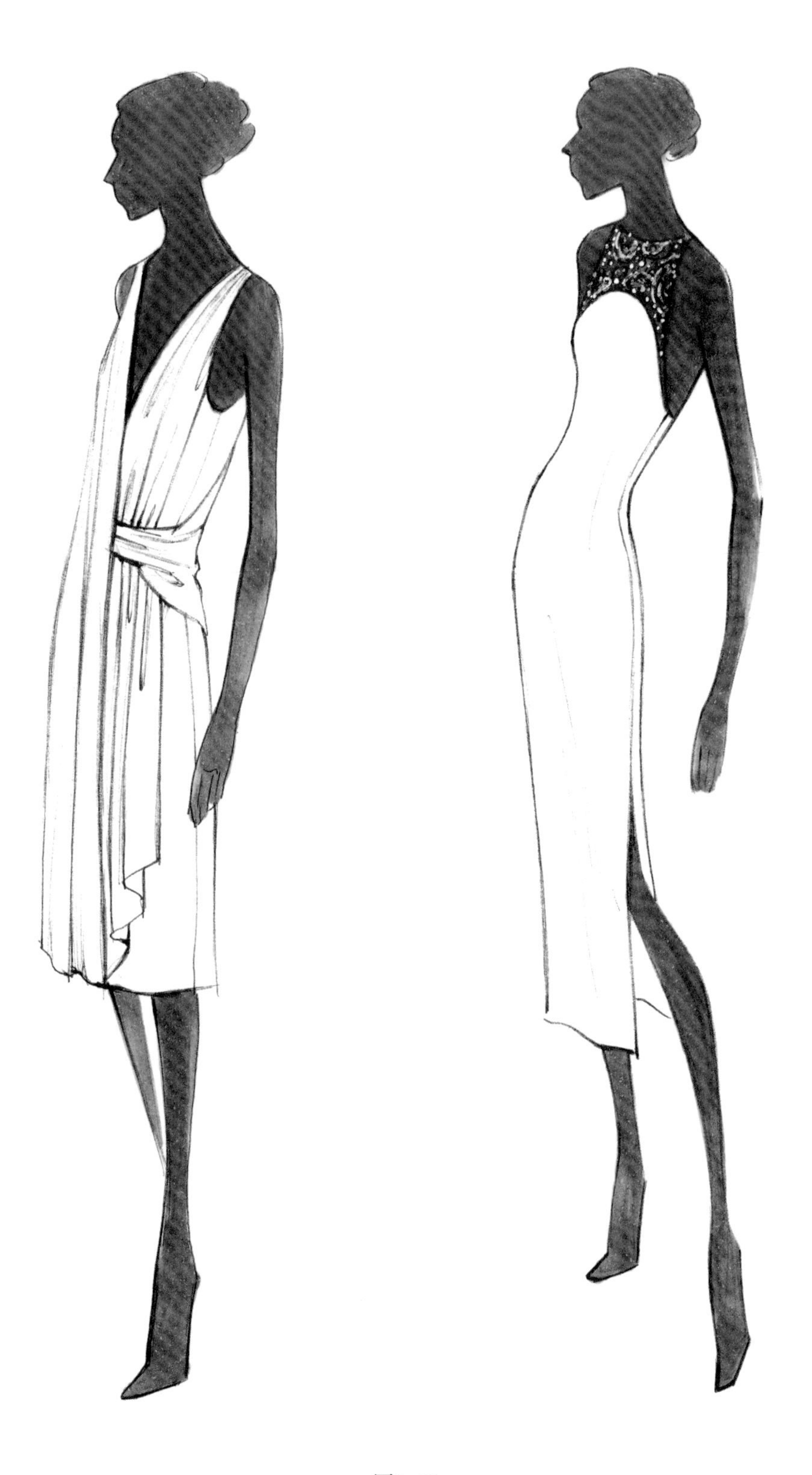

图3-28

图3-29表现的是裤装。左图是哈伦裤，特点是裤裆长且宽松悬垂，裤口比较窄。用正面站立、双腿打开的姿势，可以把裤子的臀、裆、裤口的比例展现得十分清楚；右图是肥腿长裤，用左图的姿势表现有失优雅，可以选择斜侧面姿势，裤腿的肥度一览无遗。

图3-29

图3-30表现的是蝙蝠袖、肥的插肩袖以及连身袖类的上衣。这类服装一般搭配窄细的裤或裙，与上衣宽大的造型形成对比。张开的手臂能较好地表现袖子的造型，腿部采用收紧的姿势，突出上衣的宽大。

图3-30

图3-31表现的是正面、背面、侧面有不同造型的服装。

图3-31

图3-32表现的是廓型简洁大气的服装。人物姿势宜采用简单有力的造型，更加突出服装时尚、现代的气质。

图3-32

图3-33表现的是礼服类服装。此类服装风格多样：可以是优美奢华的，也可以是时尚清新的。根据具体服装款式，人物姿势既可以是婀娜的，也可以是含蓄的。

图3-33

图3-34表现的是浪漫婚纱类的服装。人物可以根据具体的服装款式，选择正面、斜侧面、背面的姿势。动作幅度一般不大，腰的扭动也比较小，以表现新娘娇羞端庄的状态。

图3-34

图3-35表现的是男西服套装、职业装类的服装。人物动势不宜扭动过大，要表现得刚劲有力，以突出人物稳健成熟的气质。

图3-35

第四节　服装的线条与影调

一、通过线条表现服装外观

不同粗细、软硬的线条，在一定程度上可以表现服装面料的薄厚、软硬等外观效果。本节有意选择了几组相同款式的服装，意在说明线条的处理应尽可能恰当地结合服装的面料。

第一组服装，如图3-36所示。左图表现的是丝绸等柔软的面料。裙子轮廓柔软贴体，衣纹线条长而垂顺，褶是细长的状态；右图表现的是塔夫绸、玻璃纱等有膨起效果的面料。裙子轮廓蓬松离体，衣纹和轮廓线显得比较有弹性、有棱角，褶是膨大的状态。

图3-36

第二组服装，如图3-37所示。左图表现的是春夏西服套装类的面料。此类面料外观平整挺括，用线干净利落、有小棱角；右图表现的是秋冬大衣类的面料。此类面料外观丰满厚实，用线挺括中略显浑圆、有厚度。请重点观察领、肩、袖口、下摆等处用线的细微不同。

图3-37

第三组服装，如图3–38所示。左图表现的面料是飘逸的丝织品，用线轻飘、灵动飞舞；右图表现的面料是垂顺的丝织品，用线细长轻柔。

图3–38

二、服装影调的表现

服装效果图的影调不仅可以表现立体感，还可以刻画层次关系。

本书中，弱化表达人体和服装的立体感，影调主要用来强调和突出里外、上下、前后、穿插、层叠等服装的层次和结构关系。

服装影调刻画的主要部位包括：领子和驳头的下面、领窝、前门襟下面、衣裙的底摆下面、袖口、裤口、堆叠处和工艺手段塑造的褶纹等。

图3-39中，左图为单纯的线描图，右图是加了影调的效果。两者比较，后者服装的空间感、层次感更突出，服饰的组合关系更清晰明确，画面效果也更饱满完整。

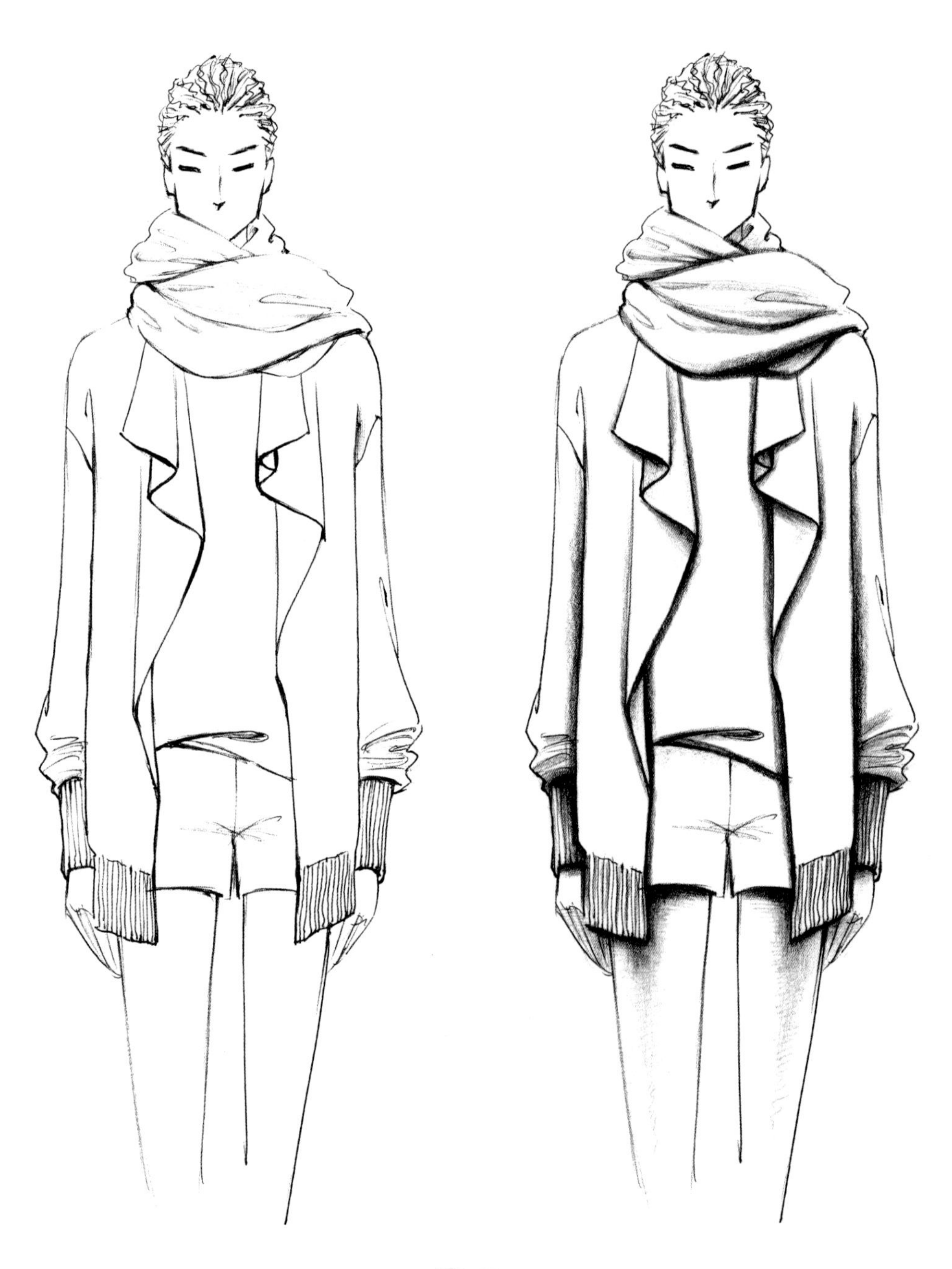

图3-39

第五节　服装款式图的表现

服装款式图即服装平面展示图，是指描绘服装款式、结构、工艺细节的绘画形式。在服装企业的设计、生产环节中，与效果图相辅相成，起到解释说明的作用，也是裁剪制作的重要依据。

一、服装款式图表现要点

1. 严谨准确

对服装的描绘，要符合人体的比例关系，以及服装各部位之间的比例关系，如衣长与袖长、零部件与衣身、结构线和装饰线与衣身的比例关系等。

2. 清晰明了

款式图主要用线表现，线条要清晰流畅、干净利落，不可以模棱两可，以免造成相关工作人员的误解。如需要，可配有局部放大图和简要的文字说明。进入工业生产环节时，工艺单上除了有正背面款式图，还要填写成衣的具体尺寸、工艺制作的要求，并附上面辅料小样。

二、服装款式图表现实例

（一）款式图绘制步骤与方法

（1）依据人体框架，以直线画出服装的大体轮廓，如图3-40所示。

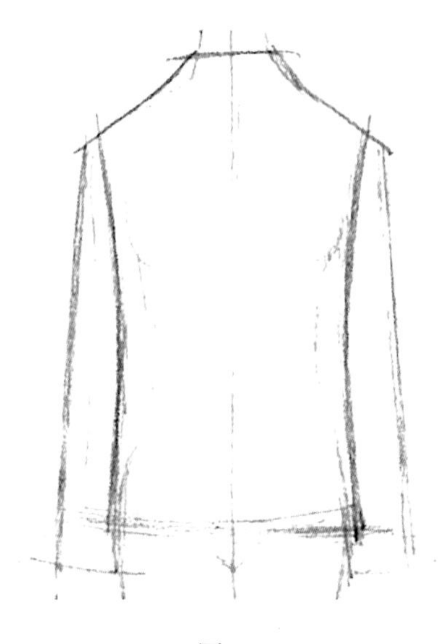

图3-40

（2）明确服装的外形及主要部位之间的比例。如袖长与衣长的比例、肩宽与衣长的比例、领口宽和肩宽的比例、领口深与衣长的比例等，如图3-41所示。

（3）明确服装细节。如领子、口袋的形状，省道、扣位等，并根据中心线画出左右对称的部分，如图3-42所示。

（4）以清晰的线条勾画完成，并画出背面款式图，如图3-43、图3-44所示。

图3-41

图3-42

图3-43

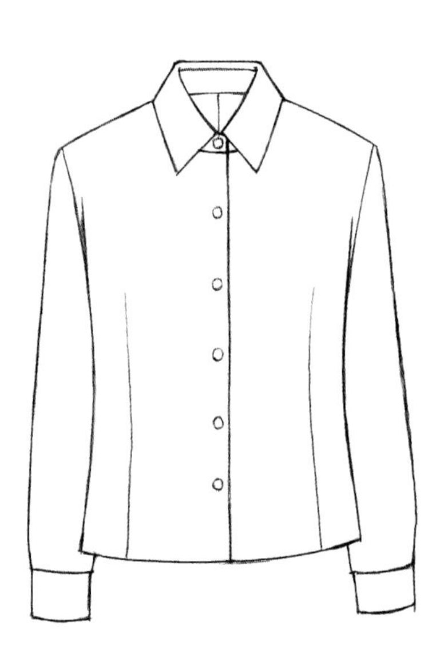

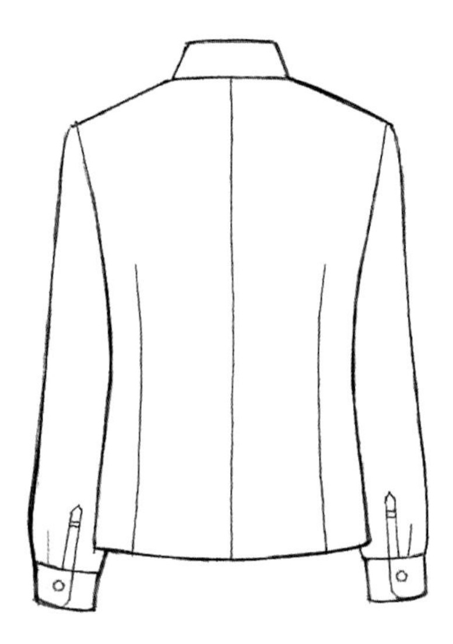

图3-44

（二）款式图实例

款式图实例一

以下几款同属于西装外套，但在刻画造型时，注意不要表现得千篇一律。每件服装都有属于自己的感觉和气质，如图3-45～图3-47所示。

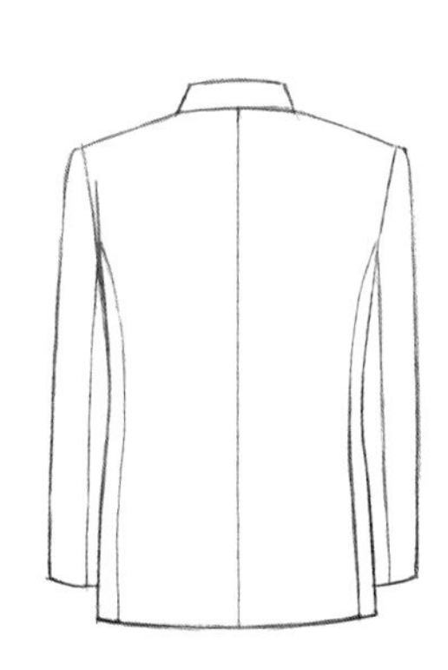

图3-45

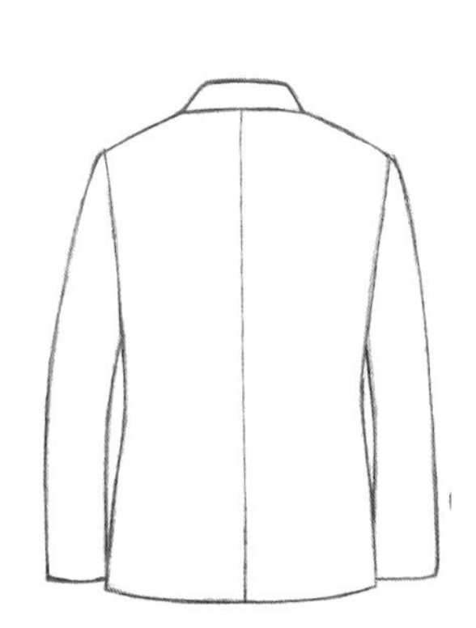

图3-46

图3-47

款式图实例二

在一些细节的表现上，可以通过翻折、打开等比较灵活的形式，进行直观的表达，如图3-48～图3-50所示。

图3-48

图3-49

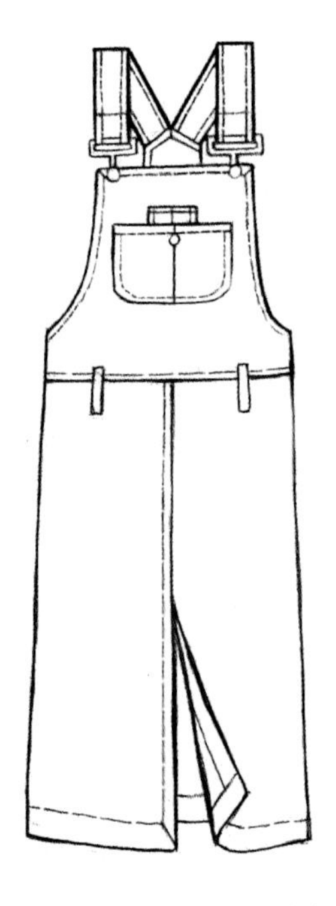
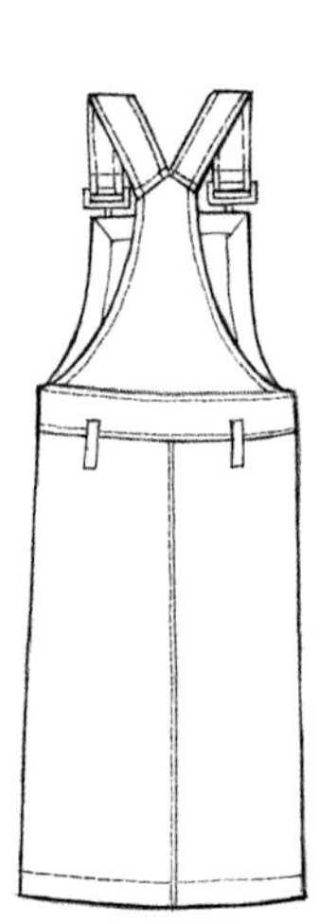

图3-50

款式图实例三

以下几款虽同属于针织外套，但刻画时线条的运用也有不同，应根据针织纱线的粗细和款式的不同，有垂顺、浑圆、柔软等变化，如图3-51～图3-53所示。

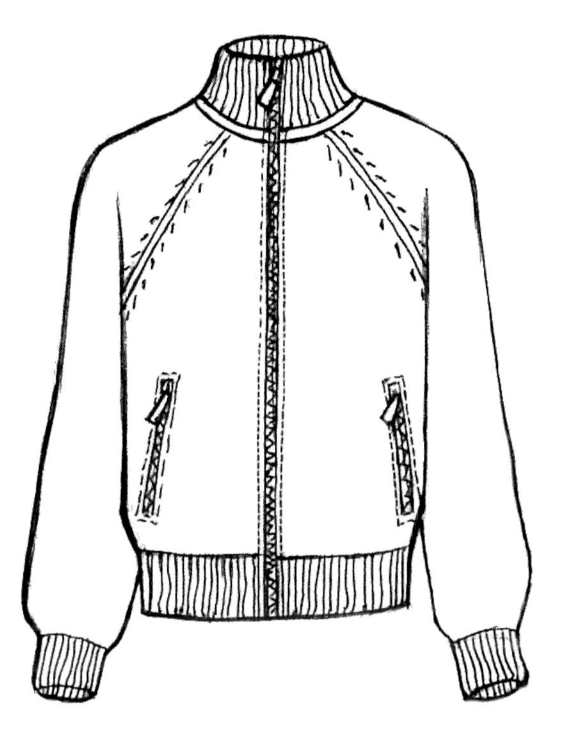
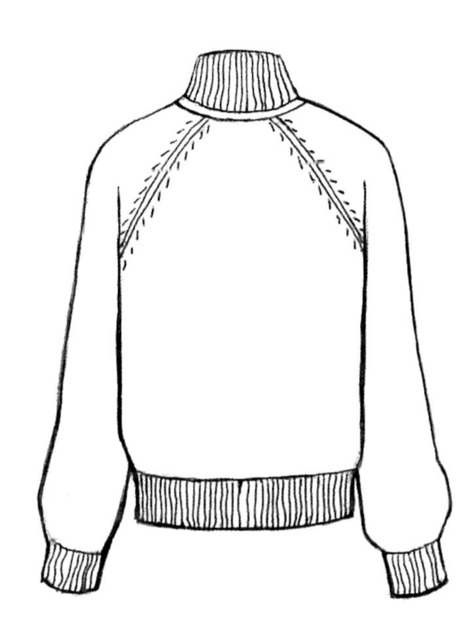

图3-51

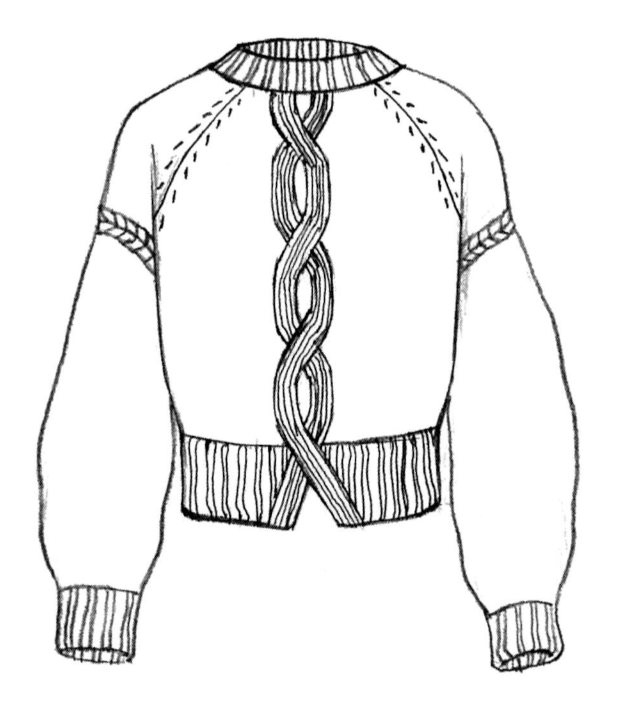

图3-52

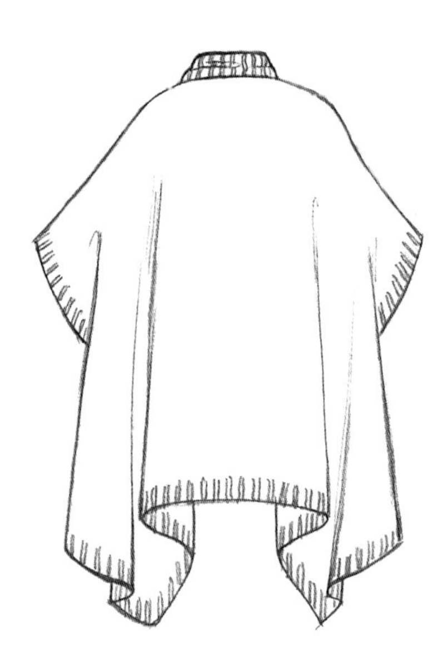

图3-53

思考题

1. 搜集服装效果图、服装款式图资料，挑选出成功表达服装结构和细节的作品并分析讨论。
2. 思考影调对于表现服装所起的作用。

专业知识及专业技能——

马克笔、彩色铅笔混合着色的基本表现技法

课题名称： 马克笔、彩色铅笔混合着色的基本表现技法

课题内容： 马克笔、彩色铅笔混合着色法的概念及特点

马克笔、彩色铅笔混合着色法的基础知识

课题时间： 8课时

教学目的： 1. 让学生了解马克笔、彩色铅笔混合着色法的基础知识。

2. 让学生了解马克笔、彩色铅笔混合使用的优势。

教学方式： 教师课堂讲授、演示。

教学要求： 1. 了解马克笔、彩色铅笔混合着色法的基础知识。

2. 为下一步学习树立信心。

课前准备： 教师准备课件、服装效果图实例和演示用的纸、笔。

第四章　马克笔、彩色铅笔混合着色的基本表现技法

第一节　马克笔、彩色铅笔混合着色法的概念及特点

一、马克笔、彩色铅笔混合着色法的概念

马克笔、彩色铅笔混合着色法，是将油性马克笔和水溶性彩色铅笔混合使用的一种画法。

马克笔色彩饱和度高、色泽浓郁、画面效果饱满。但缺乏细腻的细节刻画，并且如果购买的马克笔色号不全，作画时色彩有局限性；彩色铅笔可以轻易画出变化细微的线条和块面。但色彩饱和度不高、色泽略显暗淡、画面效果不饱满。

混合着色法将二者混合使用，既可以通过彩色铅笔与马克笔叠加获得需要的颜色，也可以通过彩色铅笔弥补马克笔缺乏的细节刻画，还可以利用水溶性彩色铅笔与油性马克笔的结合，使线条不再生硬、笔触间能自然地衔接，达到富于混色变化的饱满效果。该方法取两种工具之长处， 二者互为补充，形成你中有我、我中有你、层次丰富、融为一体的效果。

二、马克笔、彩色铅笔混合着色法的特点

1. 可简单速画，也可深入刻画

既可以绘制快速简练的服装设计草图，也可以刻画深入细致的服装效果图。

2. 纸张无须装裱

纸张无须装裱，不限纸张薄厚，普通打印纸即可。

3. 马克笔只需平涂

对于马克笔的使用没有任何技法要求。只需平涂，没有着色基础的人也可以很快掌握。

4. 马克笔的颜色无须齐全

马克笔的颜色齐全固然好，可以节约调色时间。但经济条件不同，不太可能每个人都具备所有颜色的马克笔。彩色铅笔可以起到调色作用，在马克笔颜色不齐全的情况下，获得需要的颜色。

5. 色调变化细腻自然

单独使用马克笔表现细腻的色调变化难度较大。而彩色铅笔绘制渐变、过渡等效果非常容易，色彩衔接自然。辅以马克笔融合笔触，效果更完整统一。

6. 轻松塑造立体感

用彩色铅笔绘制明暗色调并以马克笔融合笔触，可以轻松塑造立体感。

第二节　马克笔、彩色铅笔混合着色法的基础知识

一、基本工具

（一）马克笔的种类及选择

1. **马克笔的种类及特性**

马克笔一般分水性和油性两种。笔头有单头和双头之分。双头笔的两端有粗细两个笔头：细笔头适合勾线、描绘细部；粗笔头适合涂抹大面积的色块，如图4-1所示。

水性马克笔颜色亮丽，且笔触界限明晰。在服装效果图中使用它要谨慎，因为如果笔触叠加处理不当，会造成画面琐碎凌乱，影响观者对服装细节的理解。

油性马克笔色彩柔和、笔触自然、相溶性好、易驾驭，笔触反复叠加也不会破坏画面。如图4-2所示，左图为水性马克笔的笔触，右图为油性马克笔的笔触。

图4-1　　图4-2

马克笔、彩色铅笔混合着色法，使用的是油性马克笔。油性马克笔笔触柔和、衔接自然，多次叠加不会形成混乱的笔触，也不伤纸。另外，油性马克笔会将水溶性彩色铅笔的笔触融合，使画面效果自然、不生硬单薄。

2. **马克笔的选择**

比较常见的国外马克笔品牌有：美国的SANFORD（三福）、AD 、RHINOS（犀牛），德国的IMARK，日本的COPIC、KURECOLOR （吴竹），韩国的TOUCH。这些品牌质量好，价格比较高。国内品牌有：FANDI（凡迪）、遵爵、法卡勒。这些品牌质量也不错，价格便宜，对于初学者来说性价比较高。

不同品牌马克笔的颜色数量不同，颜色通常在100～200个，有各自不同的色卡和分类色号。笔的颜色多多益善，但对于初学者来说，建议不用每种颜色都准备，每个色系可以隔号购买。一般来说，无色、基础灰色、皮肤色、发色，再加几支经典的红色、黄色、蓝色、绿色、紫色，就可以画出很丰富的效果了。

建议每个人分色系为马克笔做一个色卡并标上色号，这样自己有哪些颜色的马克笔就一目了然了，作画时非常方便，不用总是摘掉笔帽试色，耽误时间而且浪费。图4-3是以某品牌的色号作为参照，以常用的中性灰色、暖灰色、皮肤色、发色做的色卡。

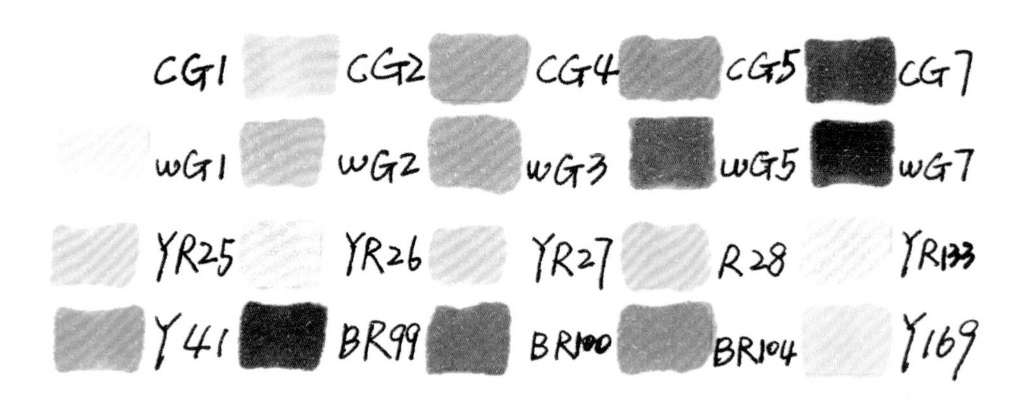

图4-3

（二）彩色铅笔的种类及常用色

1. 彩色铅笔的种类及特性

彩色铅笔分为水溶性、非水溶性和油性三种。彩色铅笔具有使用简单、颜色丰富、表现细腻、容易控制等特点，能够表现微妙的渐变效果，并且利用颜色叠加可产生丰富的色彩变化。其中，水溶性彩色铅笔除了具备彩色铅笔共有的特点外，还有众所周知的特质，即笔触沾水后可像水彩一样溶开，缺点是要事先装裱纸张，不利于快速作画；非水溶性彩色铅笔笔触干爽，着色力差，画出的颜色比较清淡；油性彩色铅笔含有油质，笔触感强，融合感差，更适合表现小面积的图案、肌理或线迹。如图4-4所示，从左至右分别为水溶性、非水溶性和油性彩色铅笔及其笔触效果。

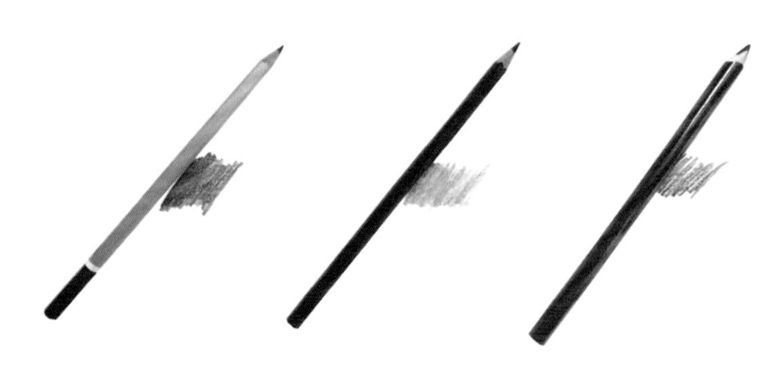

图4-4

马克笔、彩色铅笔混合着色法使用的是水溶性彩色铅笔。水溶性彩色铅笔与油性马克笔结合，笔触会自然融合，可形成很饱满的画面效果。另外，水溶性彩色铅笔着色力强的特点使上色更容易。

2. 马克笔、彩色铅笔混合着色法中彩色铅笔的常用色

彩色铅笔价格低廉，颜色可配置齐全些，以备马克笔颜色不足时用来调色。建议购买48色以上的套装（平盒包装使用起来更方便）。其中下面几个颜色最为常用。

黑色：画头发、服装的暗部。

白色：画头发、服装的亮部。

棕色：画皮肤暗部。

褐色：画头发暗部。

朱红色：画脸部的红润、嘴唇的颜色。

3. **马克笔、彩色铅笔混合着色法中其他几种主要工具**

（1）着色用笔。

高光笔：可以提高局部亮度、修改画错的边线。尽量选购质量好的，覆盖力强、出水顺畅的。

金色记号笔、银色记号笔：用来画金色或银色的块面或线条。

（2）勾线用笔。

黑色油性圆珠笔：本书中主要的勾线笔。通过不同力道的运笔，可画出有深浅变化的线条。缺点是笔尖时不时会冒出笔油，须及时在废纸上清理。还要注意的是画脸部时，一定先上色后勾线，否则颜色会将线条晕开，弄脏画面。

黑色中性笔：优点是出水顺畅；缺点是线条粗细一致、轻重一样，缺乏细腻的变化。本书中用它勾画一些不需要有深浅变化的、颜色比较深的线条。

硬笔书法笔（小号）：本书中用它画深色的粗线和块面。

（3）其他。

含亮片的指甲油：画服装有亮片的部分。

图4–5从左至右分别为高光笔，金色记号笔、银色记号笔，黑色油性圆珠笔、黑色中性笔（粗细）、小号硬笔书法笔，指甲油。

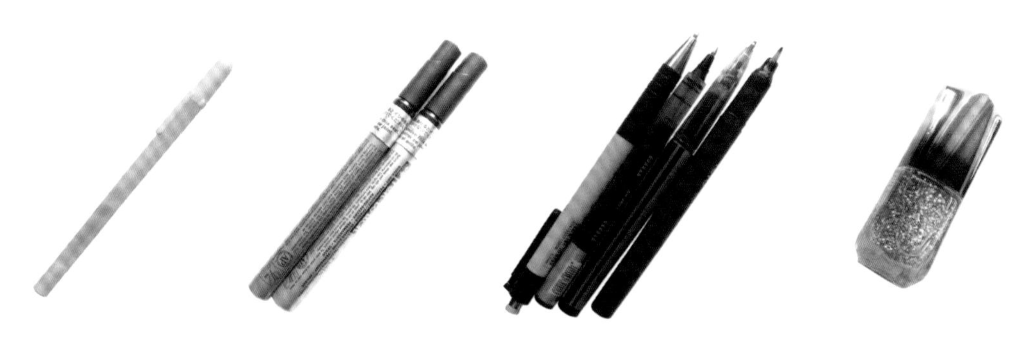

图4–5

（三）纸张的选择

此种技法最大的优点就是适用纸张广泛，对于纸的薄厚无限制，更不用装裱。本书中的画稿采用的是普通打印纸（少数几张加入水粉颜料的使用的是水粉纸）。需要注意的是，作画时要在纸的后面垫上另一张纸，以免色彩渗透到其他画稿上。

二、基本表现技法

（一）马克笔与彩色铅笔混合使用调配颜色

用彩色铅笔施以底色，马克笔融合其笔触进行调色。具体方法是：单个彩色铅笔颜色铺底色或者多个彩色铅笔颜色叠加调色，再平涂一层马克笔，达到混色效果。在马克笔颜色不齐全的情况下，可以弥补缺憾。

如图4–6所示，左图，先将单个彩色铅笔施以底色。右图，用无色马克笔融合其笔触。此方法采用的是无色马克笔融合，获得的是彩色铅笔的原色。

图4–6

如图4–7所示，左图，先以两个彩色铅笔颜色叠加调色；右图，用浅灰马克笔融合其笔触。此方法获得的是多个彩色铅笔颜色叠加调配出的新颜色。与图4–6呈现效果不同的是：采用浅灰马克笔融合，彩色铅笔颜色的纯度被降低，颜色看起来更稳。

图4–7

如图4–8所示，彩色铅笔与有色马克笔混色，获得微妙的新颜色。

图4–8

如图4–9所示，马克笔与马克笔混色，获得微妙的新颜色。

图4–9

（二）马克笔与彩色铅笔混合使用表现明暗关系

用马克笔施以底色，用彩色铅笔描绘影调、细部，再用马克笔融合彩色铅笔的笔触。具体方法是：用马克笔施以底色，之后用彩色铅笔表现明暗关系。再用之前上底色的马克笔融合彩色铅笔的笔触，使明暗变化自然。

如图4-10所示，左图是在马克笔底色上直接使用深一度的马克笔画的影调，效果简洁明快；右图是用马克笔施以底色，并用彩色铅笔表现明暗关系，之后再次使用马克笔融合彩色铅笔的笔触。与左图相比，右图影调有深浅变化，层次感增强，画面效果更加细腻丰富。

图4-10

（三）马克笔与彩色铅笔混合使用表现变化微妙的色调

单独使用马克笔绘制色彩渐变、过渡、融合等效果，色彩与色彩之间的过渡略显生硬。而彩色铅笔绘制细微的变化则非常容易，色彩衔接自然、混色效果生动，如图4-11左图所示。之后辅以马克笔融合笔触，效果更完整统一，如图4-11右图所示。

图4-11

（四）马克笔与彩色铅笔混合使用表现立体感

如图4-12所示，用彩色铅笔绘制明暗交界线并以马克笔融合笔触，立体感自然饱满。

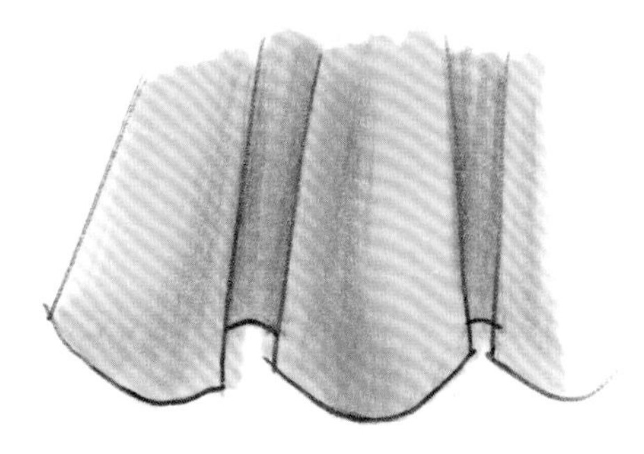

图4-12

（五）马克笔与彩色铅笔混合使用表现人物头部

皮肤的颜色在马克笔里有很多选择，图4-3中已有介绍。

五官的刻画应在皮肤色干透之后进行。勾线笔的选择至关重要，本书采用的是黑色油性圆珠笔，勾线有轻重变化，可结合彩色铅笔勾画眼影、腮红等部位。

发色若直接用黑色，则既无层次又显得沉重。可以用中明度的褐色、黄褐色马克笔作为底色，以较深的褐色彩色铅笔画中间色，再用黑色彩色铅笔画暗部并勾线。如此三个层次，发色显得富于变化、不沉闷。图4-13为刻画步骤。

(a) 画铅笔稿

(b) 平涂皮肤色

(c) 用马克笔平涂头发底色，用彩色铅笔画中间色、暗部和勾线

(d) 用勾线笔勾画五官及脸部轮廓

(e) 用马克笔或彩色铅笔画唇色，用彩色铅笔画脸部的红润

图4-13

思考题

总结马克笔、彩色铅笔混合着色法的特点和规律。

专业知识及专业技能——

不同类型服装效果图步骤详解及表现实例

课题名称： 不同类型服装效果图步骤详解及表现实例

课题内容： 女性服装表现技法
男性服装表现技法
儿童服装表现技法

课题时间： 40课时

教学目的： 通过步骤的详细解析，让学生掌握着色方法的内在规律，使其具备表现不同类型服装及配饰的能力。

教学方式： 教师课堂讲授、演示和范例分析，学生课堂和课后练习，教师指导等多种方式。

教学要求： 1. 熟练掌握着色工具，并灵活运用。
2. 掌握不同类型服装的表现技巧。
3. 可以根据不同的服装类型和风格进行创作。

课前准备： 1. 教师准备演示用的纸和笔。
2. 学生准备A4打印纸、勾线用的中性笔或油性圆珠笔、各种颜色的马克笔、彩色铅笔、高光笔、铅笔、橡皮、带亮片的指甲油、金色及银色记号笔、便于携带的速写板以及不同类型服装及配饰图片。

第五章　不同类型服装效果图步骤详解及表现实例

第一节　女性服装表现技法

一、女装效果图步骤详解

（一）垂褶领女西装

1. 工具与材料

（1）马克笔。

皮肤色

发色

外衣色、裙色

裙色、鞋色

背心色

（2）彩色铅笔。

唇色、腮红

头发暗部

皮肤暗部

衣服、裙子暗部

衣服、裙子提亮

（3）高光笔。

（4）勾线笔。

（5）含亮片的指甲油。

（6）铅笔。

（7）橡皮。

（8）打印纸。

2. 绘制步骤

（1）画出铅笔稿。线条不要太重（图5–1）。

图5–1

（2）用马克笔上肤色，平涂即可（图5-2）。

（3）用玫红色彩色铅笔上唇色、腮红，棕色彩色铅笔为皮肤暗部着色。用勾线笔刻画身体线条（图5-3）。

（4）用马克笔平涂发色，用褐色彩色铅笔刻画暗部，最后用黑色彩色铅笔勾线（图5-4）。

（5）用马克笔从上至下平涂外衣色（图5-5）。

图5-2

图5-3

图5-4

图5-5

（6）用黑色彩色铅笔画出渐变效果（图5–6）。

（7）用与第5步一样颜色的马克笔从上至下平涂一遍，融合彩色铅笔略显粗糙的笔触。用勾线笔刻画线条部分（图5–7）。

（8）用黑色彩色铅笔加重暗部，用白色彩色铅笔在垂领的轮廓边缘提亮，使服装的结构关系突出（图5–8）。

（9）用马克笔从上至下平涂背心色（图5–9）。

图5–6

图5–7

图5–8

图5–9

（10）在背心上涂带亮片的指甲油，用指甲油瓶盖上自带的小毛刷直接涂抹即可（图5–10）。

（11）用浅灰色马克笔为下面两层裙子着色，平涂即可。用同色马克笔在第三层裙子上多画一遍，使颜色加深（图5–11）。

（12）用深两度的灰色马克笔为上面两层裙子着色，平涂即可（图5–12）。

（13）用黑色彩色铅笔刻画褶纹和暗部（图5–13）。

图5–10

图5–11

图5–12

图5–13

（14）用浅灰色马克笔为手链着色。用黑色彩色铅笔画投影（图5-14）。

（15）用高光笔为手链提亮，并用勾线笔适度刻画手链边缘（图5-15）。

（16）用勾线笔画出耳环，用高光笔提亮（图5-16）。

（17）用浅灰色马克笔为鞋着色（图5-17）。

图5-14

图5-15

图5-16

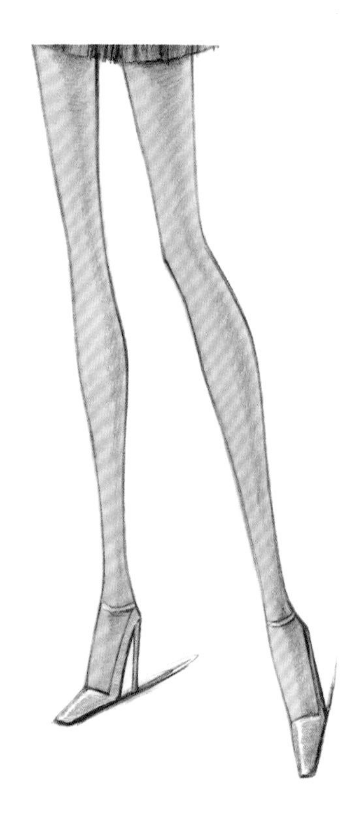

图5-17

（18）完成稿（图5-18）。

图5-18

（二）斗篷大衣

1. **工具与材料**

（1）马克笔。

皮肤色

发色

帽子色

帽子暗部

斗篷色

长筒袜色

手套色、皮包色

（2）彩色铅笔。

腮红

眼影

皮肤暗部

头发中间色

头发、衣服、帽子暗部

衣服提亮

（3）高光笔。

（4）勾线笔。

（5）铅笔。

（6）橡皮。

（7）打印纸。

2. **绘制步骤**

（1）画出铅笔稿。线条不要太重（图5–19）。

图5–19

（2）用马克笔上肤色，平涂即可（图5–20）。

（3）用彩色铅笔上腮红、眼影和皮肤的暗部。用勾线笔刻画脸部线条（图5–21）。

（4）用马克笔平涂发色，用褐色彩色铅笔画中间色调，最后用黑色彩色铅笔刻画暗部和勾线（图5–22）。

（5）用马克笔从上至下平涂帽子（图5–23）。

图5–20

图5–21

图5–22

图5–23

（6）用深灰色马克笔画帽子暗部（图5–24）。

（7）用勾线笔刻画帽子线条部分（图5–25）。

（8）用马克笔平涂袖子和衣身（图5–26）。

（9）用黑色彩色铅笔加重手臂的明暗交界线及衣身暗部（图5–27）。

图5–24

图5–25

图5–26

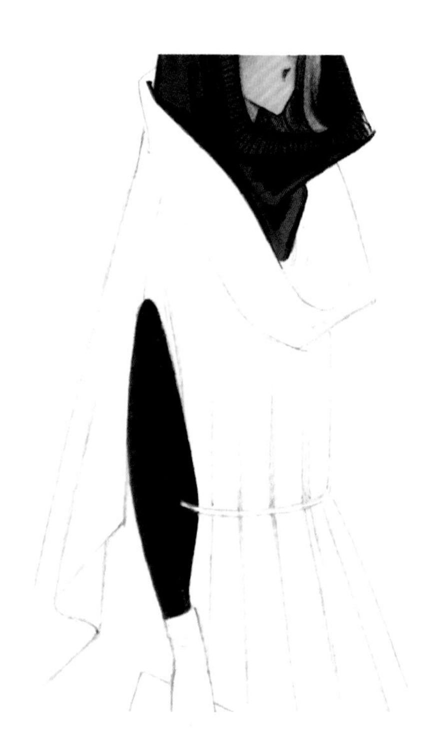

图5–27

（10）用白色彩色铅笔在手臂边缘提亮，使手臂与衣身的结构关系更明确（图5–28）。

（11）用浅灰色马克笔从上至下平涂腿部，用黑色彩色铅笔画腿部明暗交界线（图5–29）。

（12）用稍浅的灰色马克笔为鞋子着色并留出高光，再用黑色马克笔加重明暗交界线等部位（图5–30）。

（13）用中明度灰色马克笔为斗篷着色。在褶纹亮部轻些运笔，使之产生明暗变化。如果明暗关系没画出来，可以用黑色彩色铅笔加深暗部，用白色彩色铅笔把亮部提出来（图5–31）。

图5–28

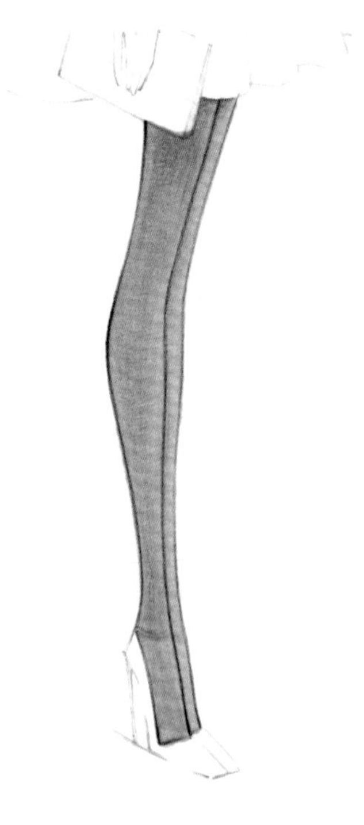

图5–29

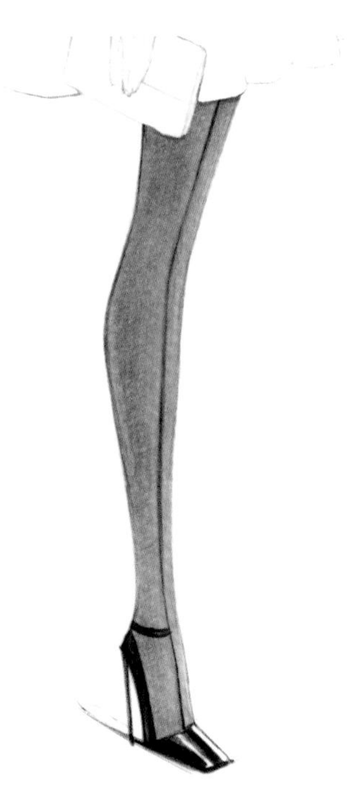

图5–30

图5–31

（14）用黑色彩色铅笔画出人字纹，同时加重褶纹之间的暗部。重点刻画服装前中心部位，边缘部位逐渐弱化（图5-32）。

（15）进一步用黑色彩色铅笔加强斗篷的明暗关系，并以灰色马克笔融合其笔触。用勾线笔勾线。用高光笔随意点点，增加呢料的肌理感和厚重感（图5-33）。

（16）用红色马克笔为手套着色，自然留出高光（图5-34）。

（17）用红色和黑色马克笔为皮包着色（图5-35）。

图5-32

图5-33

图5-34

图5-35

（18）完成稿（图5-36）。

图5-36

（三）连衣裙

图5-37

1. **工具与材料**

（1）马克笔。

 皮肤色

 发色

 唇色

 裙色、手套色

（2）彩色铅笔。

 皮肤暗部

 头发暗部、裙子暗部

 裙提亮

（3）金色记号笔。

（4）勾线笔。

（5）铅笔。

（6）橡皮。

（7）打印纸。

2. **绘制步骤**

（1）画出铅笔稿。线条不要太重（图5-37）。

（2）用马克笔上肤色，平涂即可（图5–38）。

（3）用马克笔上唇色，用棕色彩色铅笔为皮肤暗部着色。用勾线笔刻画身体线条（图5–39）。

（4）用马克笔平涂发色。用白色彩色铅笔提亮头发边缘，用黑色彩色铅笔刻画暗部和勾线（图5–40）。

（5）用马克笔平涂连衣裙。褶纹的边缘用白色彩色铅笔提亮（图5–41）。

图5–38

图5–39

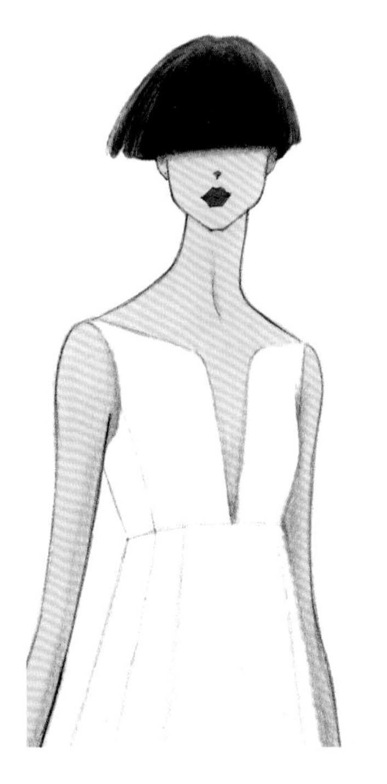

图5–40

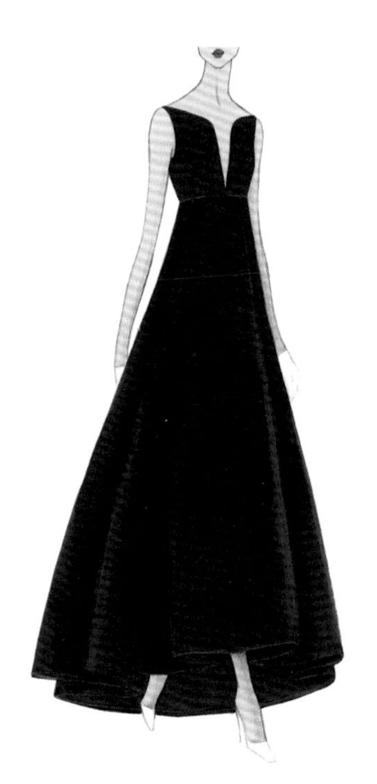

图5–41

（6）用金色记号笔画连衣裙的图案（图5-42）。

（7）用黑色彩色铅笔刻画连衣裙褶纹暗部及裙下摆内侧暗部（图5-43）。

（8）用金色记号笔为鞋子着色。用黑色彩色铅笔与灰色马克笔混色刻画鞋底阴影。用勾线笔为连衣裙和鞋子勾线（图5-44）。

（9）为手套和戒指着色（图5-45）。

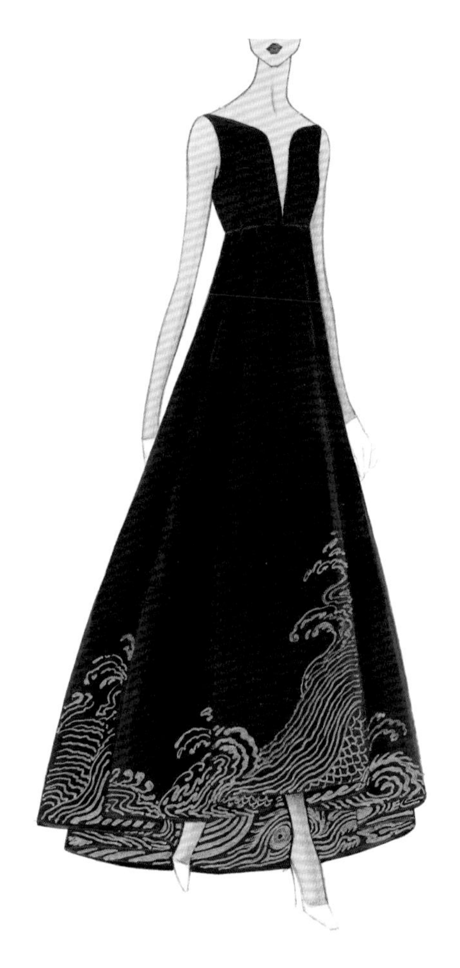

图5-42

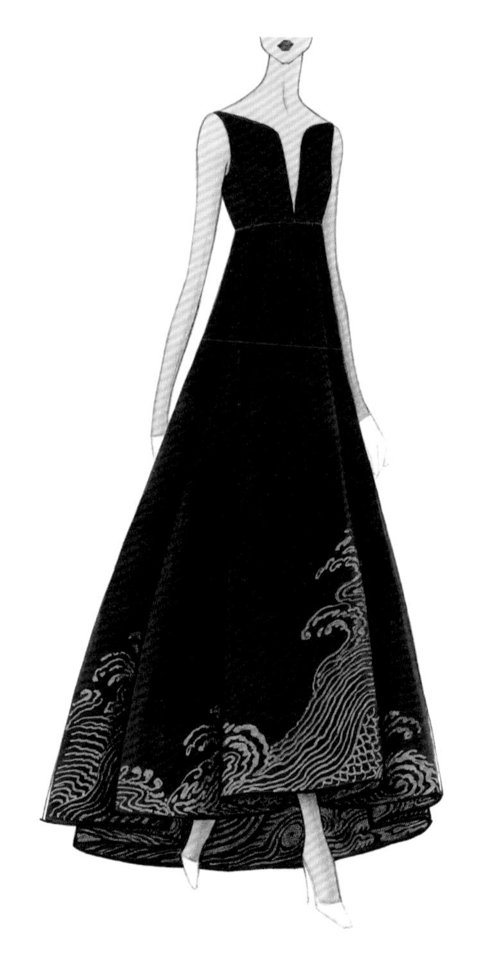

图5-43

图5-44

图5-45

（10）完成稿（图5-46）。

图5-46

（四）沙滩装

1. 工具与材料

（1）马克笔。

皮肤色

发色

裙色

鞋色

配饰色

（2）彩色铅笔。

眼影、唇色、腮红

皮肤暗部、鞋带色

头发中间色

裙子图案

头发、裙子暗部

浪花色

（3）勾线笔。

（4）铅笔。

（5）黑色油性圆珠笔。

（6）橡皮。

（7）打印纸。

2. 绘制步骤

（1）画出铅笔稿。线条不要太重（图5-47）。

图5-47

（2）用马克笔平涂肤色，用红色彩色铅笔上眼影、唇色、腮红，棕色彩色铅笔为皮肤暗部着色。用勾线笔刻画身体线条部分（图5–48）。

（3）用马克笔平涂发色，用褐色彩色铅笔刻画中间色，用黑色彩色铅笔刻画暗部和勾线（图5–49）。

（4）用稍深的蓝色彩色铅笔画出扎染效果，用黑色油性圆珠笔为衣裙勾线（图5–50）。

（5）用浅蓝色马克笔快速在衣裙上平涂一遍。用黑色彩色铅笔刻画暗部（图5–51）。

图5–48

图5–49

图5–50

图5–51

（6）为鞋子着色并勾线（图5-52）。

（7）为项链着色并勾线（图5-53）。

（8）为手镯着色并勾线（图5-54）。

（9）用蓝绿色彩色铅笔画浪花（图5-55）。

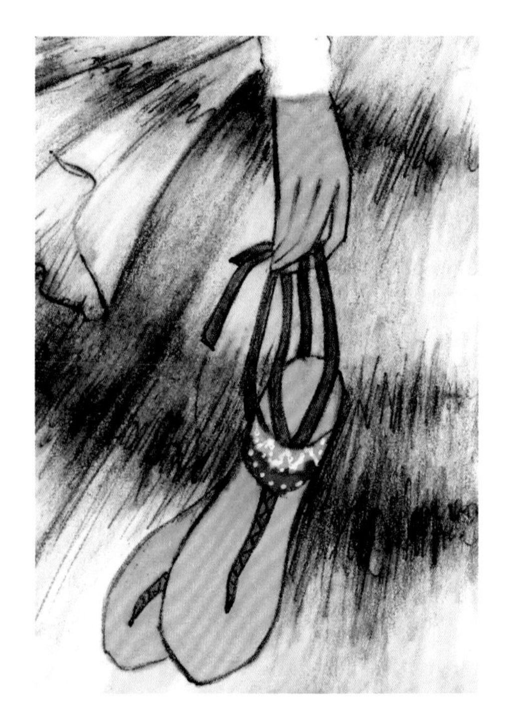

图5-52

图5-53

图5-54

图5-55

（10）完成稿（图5-56）。

图5-56

（五）礼服

1. **工具与材料**

（1）马克笔。

皮肤色

发色

毛领色、大衣图案色

长裙色、鞋色

大衣色

（2）彩色铅笔。

腮红、眼影、唇色

皮肤暗部

头发中间色

头发、衣服、裙子暗部

毛领提亮

（3）高光笔。

（4）银色记号笔。

（5）金色记号笔。

（6）勾线笔。

（7）铅笔。

（8）橡皮。

（9）打印纸。

2. **绘制步骤**

（1）画出铅笔稿。线条不要太重（图5-57）。

图5-57

（2）用马克笔上肤色，平涂即可（图5–58）。

（3）用红色彩色铅笔上腮红、唇色和眼影，用棕色彩色铅笔为皮肤暗部着色。用勾线笔刻画脸和手部线条（图5–59）。

（4）用马克笔上发色，平涂即可。用褐色彩色铅笔画中间色调，最后用黑色彩色铅笔刻画暗部和勾线（图5–60）。

（5）用紫色马克笔为毛领着色，可有意在明暗交界线处多画一两遍（图5–61）。

图5–58

图5–59

图5–60

图5–61

（6）用黑色彩色铅笔加重刻画毛领明暗交界线（图5-62）。

（7）用白色彩色铅笔在毛领边缘提亮，并用笔尖按同一方向画出有代表性的细毛。用硬笔书法笔勾出粗细不同的边线（图5-63）。

（8）用蓝绿色马克笔平涂长裙（图5-64）。

（9）用白色彩色铅笔轻轻画出装饰线条的位置和比例（图5-65）。

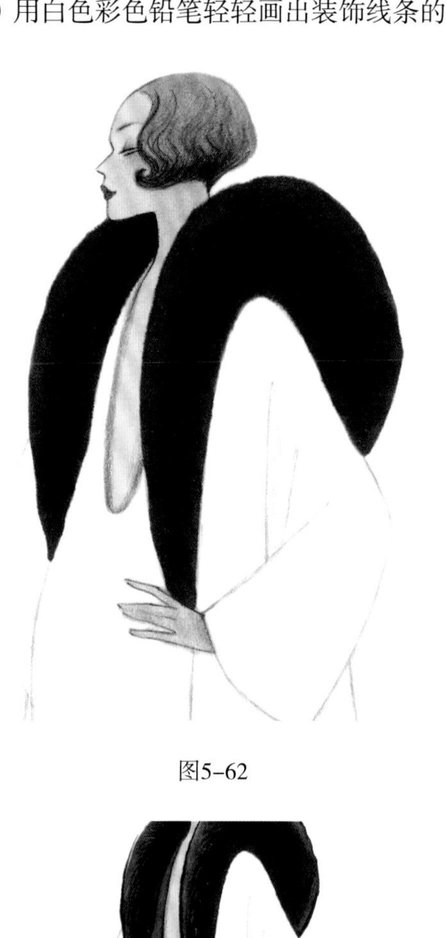

图5-62

图5-63

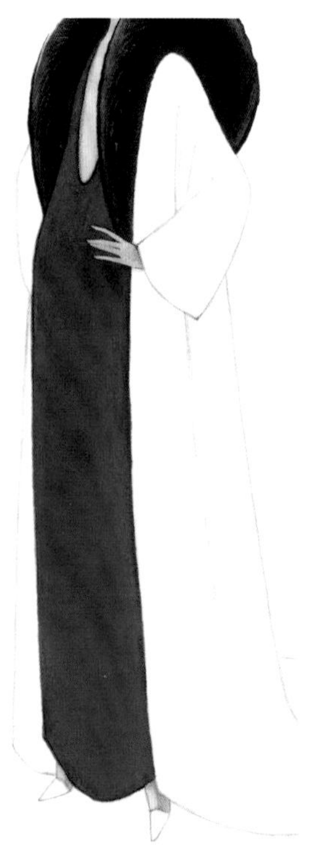

图5-64

图5-65

（10）用银色记号笔画装饰线条（图5-66）。

（11）用黑色彩色铅笔在线条的一侧画阴影（图5-67）。

（12）用高光笔在银色线条上时断时续地画出短线条。裙摆的粗线条用高光笔以点的形式画出（图5-68）。

（13）用红色马克笔平涂大衣，用紫色马克笔刻画图案（图5-69）。

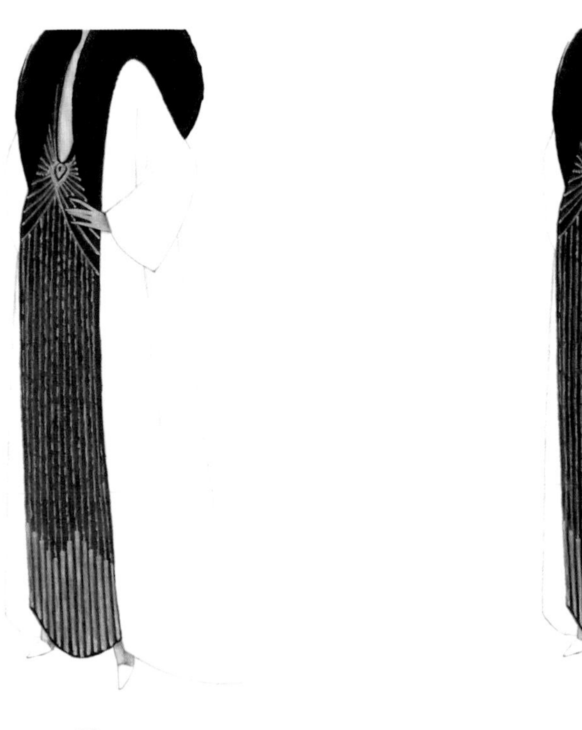

图5-66

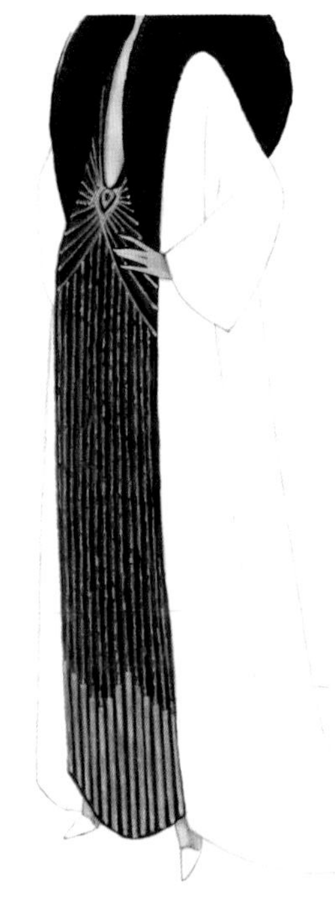

图5-67

图5-68

图5-69

（14）用硬笔书法笔或粗的勾线笔勾画图案边缘（图5-70）。

（15）用金色记号笔围绕黑色边线再次勾画图案（图5-71）。

（16）用与长裙同色的马克笔为鞋着色，用黑色彩色铅笔画鞋底阴影，并用浅灰色马克笔融合其笔触。用勾线笔勾线（图5-72）。

（17）用黑色彩色铅笔画大衣暗部并用勾线笔勾线。用高光笔画长裙装饰的十字高光，十字高光的方向要一致（图5-73）。

图5-70

图5-71

图5-72

图5-73

（18）完成稿（图5-74）。

图5-74

（六）婚纱

1. 工具与材料

（1）马克笔。

 皮肤色

 发色

 胸饰底色、手套底色

（2）彩色铅笔。

 眼影、唇色、腮红

 皮肤暗部

 羽毛、裙子暗部

 裙线条

（3）银色记号笔。

（4）高光笔。

（5）勾线笔。

（6）铅笔。

（7）橡皮。

（8）打印纸。

2. 绘制步骤

（1）画出铅笔稿。线条不要太重（图5–75）。

图5–75

（2）用马克笔上肤色，平涂即可（图5–76）。

（3）用红色彩色铅笔上唇色、腮红、眼影。用棕色彩色铅笔为皮肤暗部着色。用勾线笔刻画身体线条部分（图5–77）。

（4）用银色记号笔为肩饰和头饰着色，并用勾线笔勾线（图5–78）。

（5）用浅灰色彩色铅笔与马克笔混色，画出白色羽毛阴影部分。用勾线笔勾线，注意虚实变化（图5–79）。

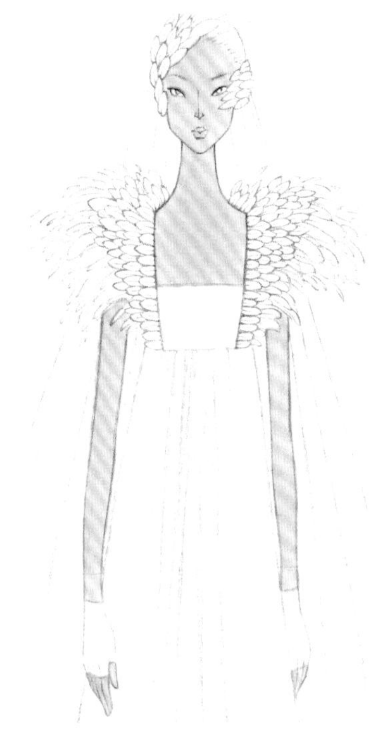

图5–76

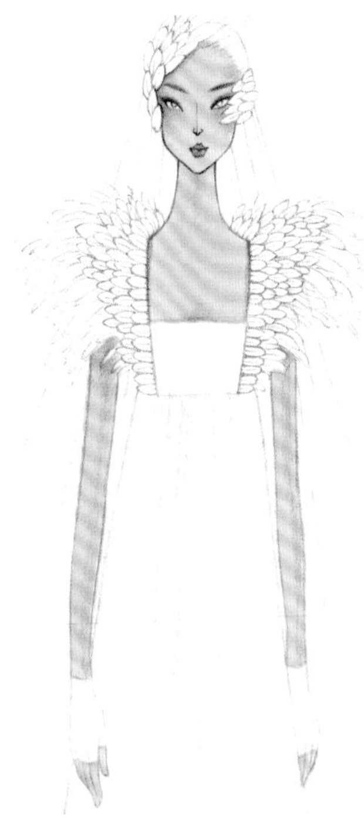

图5–77

图5–78

图5–79

（6）用浅灰色马克笔点出胸饰底色（图5-80）。

（7）用高光笔点出胸饰高光（图5-81）。

（8）用浅灰色马克笔画手套底色，用高光笔点出高光。用勾线笔勾画羽毛及手套轮廓（图5-82）。

（9）用浅灰色彩色铅笔与马克笔混色，画长裙和头纱暗部。用深灰色彩色铅笔勾线（图5-83）。

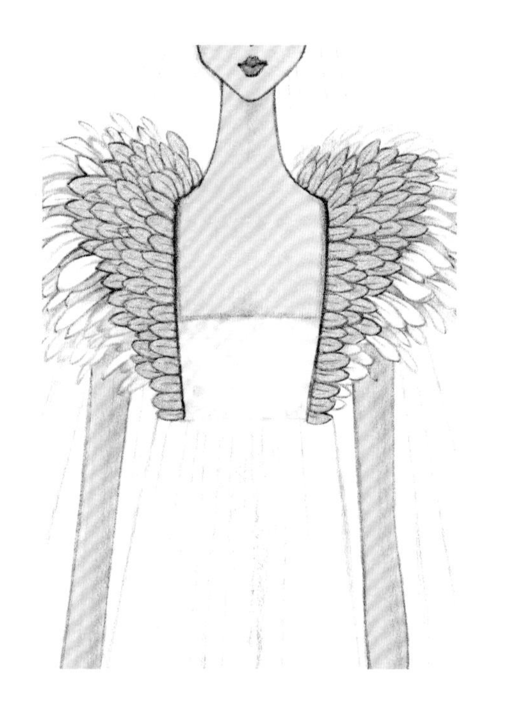

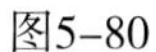

图5-80

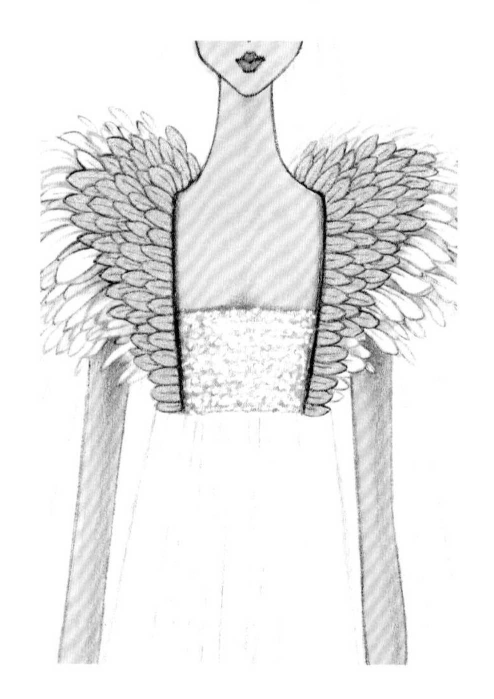

图5-81

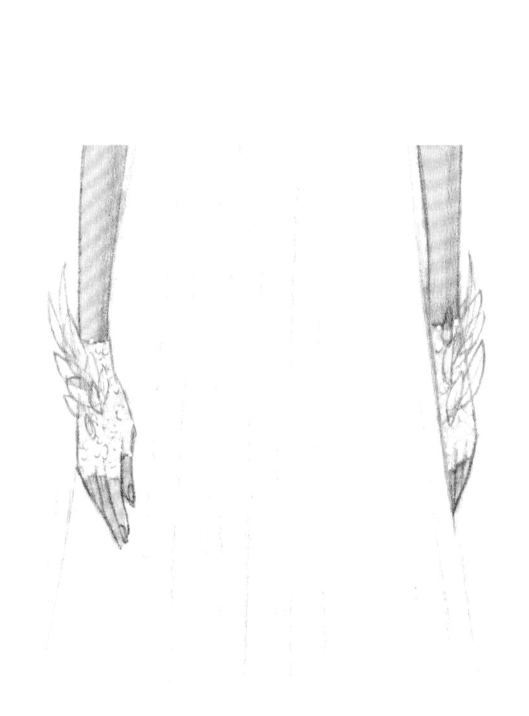

图5-82

图5-83

（10）完成稿（图5–84）。

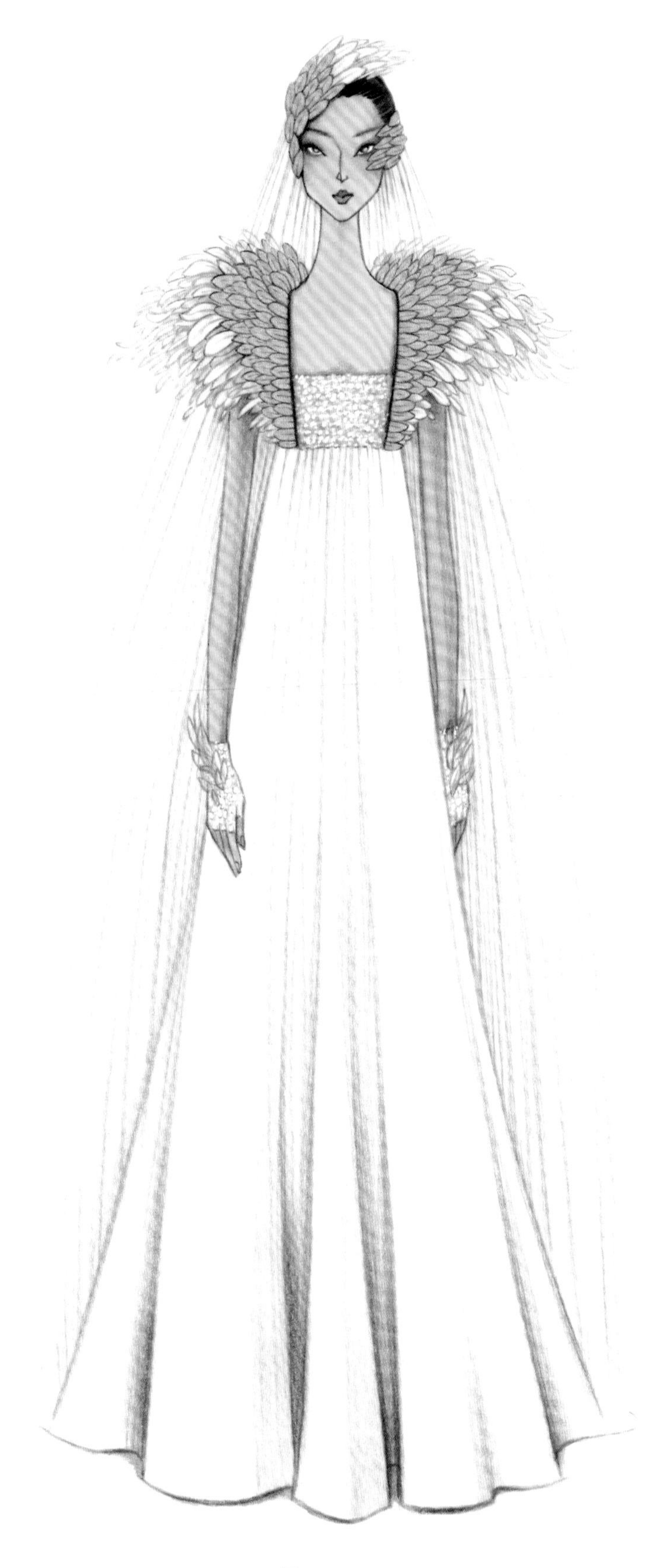

图5–84

二、女装效果图表现实例

（一）单品女装

1. 白色西服套装

图5-85表现的是白色西服女套装。绘制白色服装时，可用浅灰色马克笔结合黑色彩色铅笔适度刻画暗部。不要到处都上颜色，这样会失去服装的固有色。

图5-85

2. 黑色风衣

图5-86表现的是黑色女风衣。绘制黑色服装时，先用深灰色马克笔画底色，再分别用黑色和白色彩色铅笔刻画暗部和亮部，使服装结构清晰。直接用黑色填涂大面积的颜色，易造成死黑一片、结构不清的效果。

图5-86

3. 衬衫与背带裤

图5-87表现的是偏中性的衬衫与背带裤。衬衫包括宽松的休闲衬衫、贴身合体的正装衬衫、款型多变的时装衬衫等多种类型。表现时要把握不同类型衬衫的廓型、细节和气质。

图5-87

4. 斗篷短上衣与八分裤

图5-88表现的是斗篷短上衣与八分裤。绘制裤子时，不要忽略对裤腰省的表现，省道的长短、省尖的位置都要刻画得细腻准确。

图5-88

5. 印花背心与肥腿长裤

图5-89表现的是印花背心与肥腿长裤。上衣和头巾的渐变色画法参见本书第六章第一节面料图案表现技法“渐变图案”部分内容。

图5-89

6. 连帽卫衣与牛仔裤

图5-90表现的是连帽卫衣与牛仔裤，利用斜侧面角度展示了上衣和裤子侧面的设计。

图5-90

7. 七分袖长外套

图5-91表现的是七分袖长外套，利用手插进口袋的姿势展示了袖子造型和侧缝口袋的设计。

图5-91

8. 工装棉衣外套

图5-92表现的是工装棉衣外套，利用接近侧面的姿势同时展示了衣身正、侧、背面的设计。

图5-92

9. 连衣裙

图5-93表现的是连衣裙，利用速画的方式简洁明了地展示了连衣裙的款式。

图5-93

10. 针织毛衣一

图5-94表现的是针织毛衣，通过细致刻画不同的编织纹理，展示了将不同织法组合之后形成的肌理效果。

图5-94

11. 针织毛衣二

图5–95表现的是针织毛衣。本图没有面面俱到地刻画编织纹理：衣身概括地处理，重点表现领子、袖口、下摆。同时注意了针织面料的外观特点：线条圆润、柔软、有弹性，在袖口和下摆处易产生堆叠状态。

图5–95

12. **针织毛衣三**

图5-96表现的是针织毛衣，利用点彩的方式表现花线针织衫效果。

图5-96

13. **冬装一**

图5-97表现的是羽绒服。羽绒服外形较浑圆，体积感强，轮廓线呈膨胀凸起之势。

图5-97

14. **冬装二**

图5-98表现的是羽绒服，利用明暗交界线刻画服装浑圆的状态；用外凸的弧线绘制轮廓线，以表现膨起的效果。

图5-98

15. **冬装三**

图5-99表现的是绗缝棉服。棉服的填充物一般是天然棉花、丝棉或太空棉，外形轮廓的膨胀感比羽绒服弱一些。

图5-99

16. **冬装四**

图5-100表现的是绗缝棉服，利用明暗交界线和外凸的弧线刻画略微膨胀的状态，但刻画的强度要弱于羽绒服。

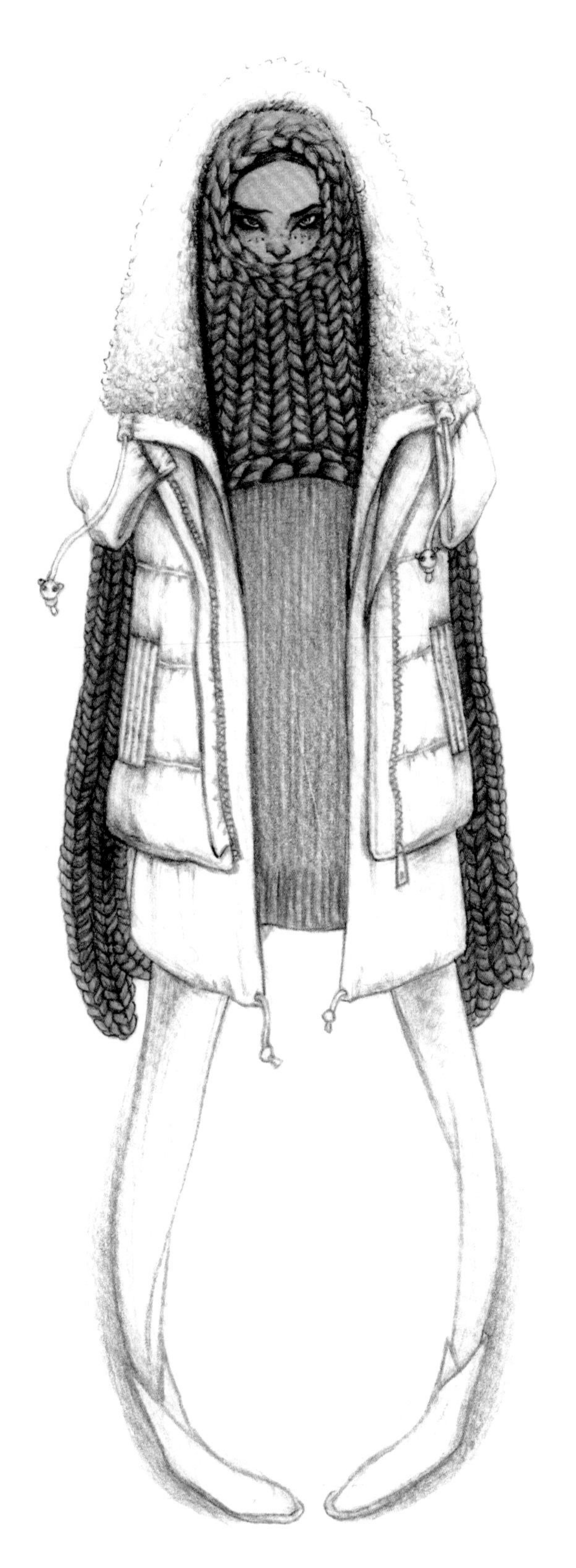

图5-100

17. 泳装

图5-101表现的是泳装。绘制泳装时，可以采用活泼的姿态或利用海边的景物，营造着装氛围。

图5-101

18. 运动装

图5-102表现的是运动装。绘制运动装时，可以结合不同的运动项目，选取有代表性的动作，以突出服装的特点。

图5-102

19. **礼服一**

图5-103表现的是小礼服。小礼服在宴会、婚礼、正式拜访、庆典等场合穿着，与晚礼服相比更轻巧、活泼。

图5-103

20. **礼服二**

图5-104表现的是小礼服。蕾丝面料经常出现在礼服类服装中，绘制时有两个要点不可忽略：用最细的笔画网眼织物的交叉线，在此基础上刻画花形纹样；用精细的线条描绘弧形的边缘。

图5-104

21. **礼服三**

图5-105表现的是小礼服。绘制有闪光亮片装饰的服装，不要到处都是高光，这样会使画面看起来很花。只要选择几处着重刻画，其他大面积弱化处理即可，画面有张有弛，会收到事半功倍的效果。

图5-105

22. 礼服四

图5-106表现的是小礼服。亮片装饰既可以以留白的方式处理，也可以利用高光笔点出。点的位置基本围绕身体凸起的部位，其他位置略微点几下即可。

图5-106

23. **礼服五**

图5-107表现的是晚礼服。晚礼服是在晚间社交场合或正式隆重的活动中所穿的服装。传统的晚礼服，形式多为低胸、露肩、露背和长裙。

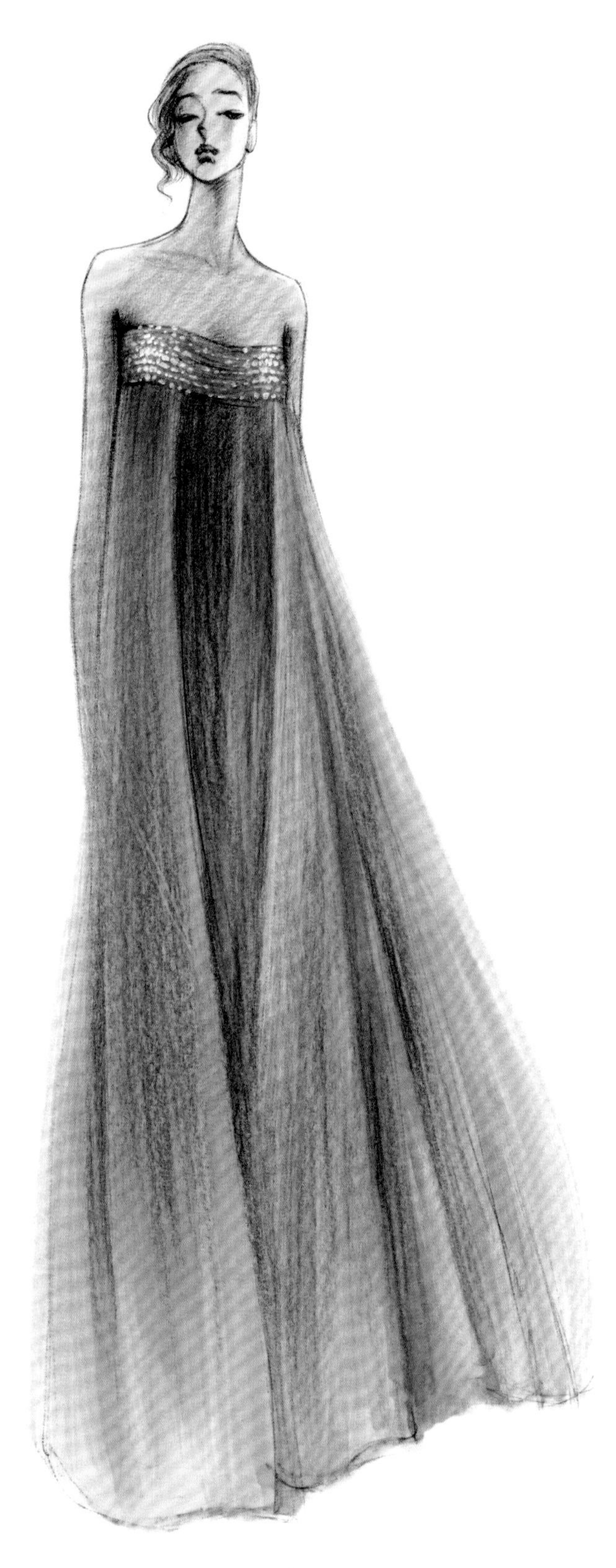

图5-107

24. **礼服六**

图5-108表现的是晚礼服。依据穿着场合、款式风格，绘制的人物气质可以是多样化的：或华丽优雅，或婀娜妩媚，或大方得体。

图5-108

25. **礼服七**

图5-109表现的是晚礼服。绘制此类服装，斜侧面角度更易表现着装者婀娜柔美的动态和裙摆的造型，人物的高度也可有意拉长。

图5-109

26. 礼服八

图5-110表现的是晚礼服。背面斜侧站立的姿势，可以很好地展示背部的设计。

图5-110

27. 婚纱一

图5-111表现的是婚纱。婚纱的款式风格是多种多样的，绘制的人物气质同样可以是多样化的：或高贵端庄，或纯净可爱，或含蓄羞涩。

婚纱的表现手法不是单一的，既可以精雕细刻，也可以简洁概括。本图以简练的方式表现了服装款式和人物状态。

图5-111

28. 婚纱二

图5–112表现的是婚纱。本图用简练的人物形象和垂坠的线条，表现优雅柔美的婚纱风格。

图5–112

（二）系列女装

1. 春装系列

图5–113、图5–114表现的是直线造型春装系列。以富有东方美学意蕴的平面服装结构为设计思想，通过简约平实的设计，表达一种纯净安宁的生活态度和质朴天然、轻松自由的着装理念。

图5–113

此系列采用的是单独绘制、分开表达的方式。这样的好处是不用考虑人物与人物之间的比例、彼此造型的和谐等因素，可以专注地刻画服装本身。

图5-114

2. 秋装系列

图5-115表现的是花呢秋装上衣系列。此系列采用的是前后错开表达的方式，将系列中的两款服装置于一处，使观者可以看到两者的异同。这种方式要考虑到人物的位置以及人物之间的协调、呼应等因素。

图5-115

3. 沙滩装系列

图5-116表现的是沙滩装系列。对于系列服装的表达，可以把人物安排在特定的环境当中，形成有故事的画面，以烘托设计主题。

图5-116

第二节 男性服装表现技法

一、男装效果图步骤详解

以绗缝棉夹克为例进行介绍。

1. **工具与材料**

（1）马克笔。

皮肤色

发色

帽子色

+ 围巾色

背包色

上衣色

中衣、裤子色

（2）彩色铅笔。

头发中间色、衣裤暗部

皮肤暗部、鞋子色

+ 背包带色

衬衫图案色

衣服、帽子暗部

衣服提亮

（3）银色记号笔。

（4）勾线笔。

（5）铅笔。

（6）橡皮。

（7）打印纸。

2. **绘制步骤**

（1）画出铅笔稿。线条不要太重（图5-117）。

图5-117

（2）用马克笔平涂肤色，用棕色彩色铅笔画暗部，用勾线笔刻画脸部和手部线条（图5-118）。

（3）用马克笔平涂发色。用褐色彩色铅笔画中间色调，最后用黑色彩色铅笔刻画暗部和勾线（图5-119）。

（4）用蓝灰色马克笔平涂帽子色（图5-120）。

（5）用黑色彩色铅笔刻画帽子的明暗交界线和暗部，用勾线笔勾线（图5-121）。

图5-118　图5-119

图5-120　图5-121

（6）用马克笔的浅暖灰、浅蓝灰两个颜色混色画围巾（图5-122）。

（7）用黑色彩色铅笔画围巾暗部，并刻画线条部分（图5-123）。

（8）用深灰色马克笔平涂背包，用黑色彩色铅笔加深暗部，用白色彩色铅笔把边缘提出来，使结构关系明确。背包带的颜色，用浅棕红色彩色铅笔与肉粉色马克笔混色调出。用勾线笔勾线（图5-124）。

（9）用较深的绿灰色马克笔涂画上衣，并用白色彩色铅笔轻轻画出绗缝等细节（图5-125）。

图5-122

图5-123

图5-124

图5-125

（10）用黑色彩色铅笔加深暗部，白色彩色铅笔把亮部提出来，使衣服的结构关系更明确。用勾线笔勾线（图5-126）。

（11）用银色记号笔画袖子上的图案（图5-127）。

（12）用马克笔画中衣色，用黄褐色彩色铅笔刻画衬衫图案（图5-128）。

（13）用无色马克笔平涂一遍以融合衬衫图案的笔触，用褐色和黑色彩色铅笔加深中衣和衬衫的暗部。用勾线笔勾线（图5-129）。

图5-126

图5-127

图5-128

图5-129

（14）用浅暖灰色马克笔为裤子着色（图5-130）。

（15）用褐色彩色铅笔刻画裤子褶纹等暗部。用勾线笔勾线（图5-131）。

（16）用棕色彩色铅笔为鞋子着色（图5-132）。

（17）用无色或浅灰色马克笔融合棕色彩色铅笔的笔触，并用暖灰色为鞋底着色。用勾线笔勾线（图5-133）。

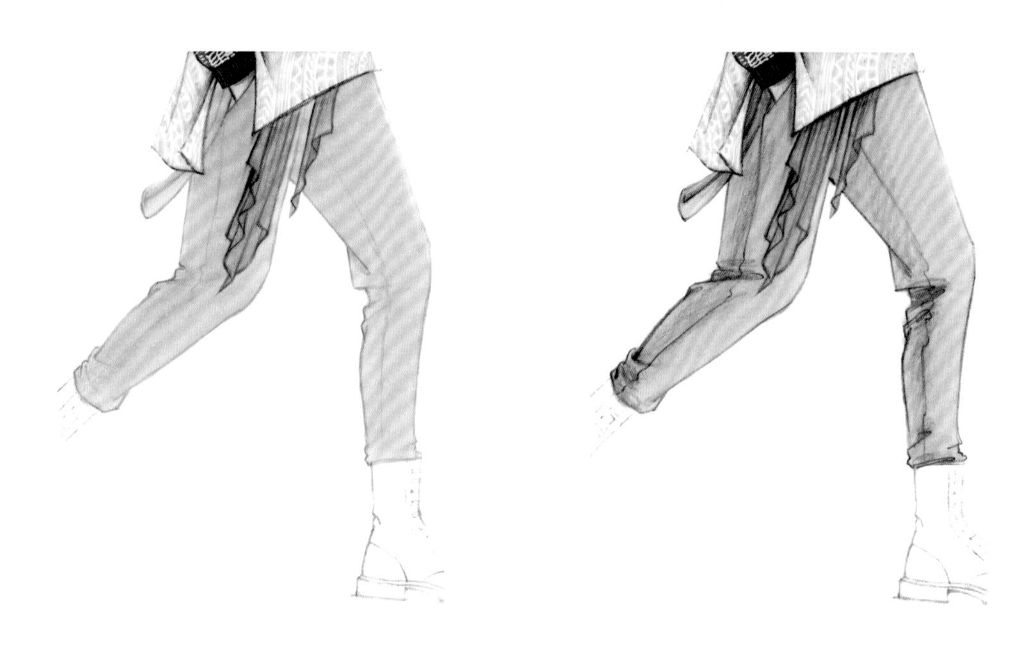

图5-130　　图5-131

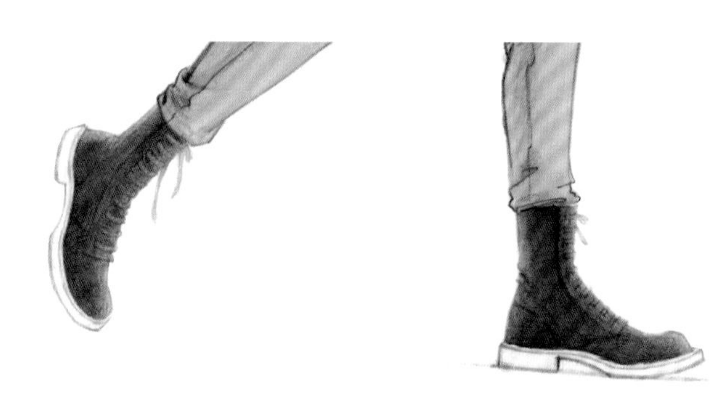

图5-132

图5-133

（18）完成稿（图5-134）。

图5-134

二、男装效果图表现实例

（一）单品男装

1. 风衣

图5-135表现的是灰色风衣。风衣于春秋季穿用，面料轻薄挺括，工艺精良，造型多用硬线条分割，整体感觉轻盈、帅气。用线较硬朗干脆。

图5-135

2. 棉大衣

图5-136表现的是浅灰色棉大衣。棉大衣于冬季穿用，款式造型上与风衣类似，但腰身不明显，面料较厚实，整体感觉更厚重、大气 。用线较圆润饱满。

图5-136

3. 夹克

图5-137表现的是蓝绿色夹克上衣。宽肩收腰线条的赛车夹克挺拔、硬朗。分割线缉明线，拉链、绗缝是刻画此类服装的重点。

图5-137

4. 休闲裤

图5-138表现的是黄绿色休闲裤。绘制休闲裤时，应重点表现不羁、宽松、随意的外形，缉明线的分割线，大而多的口袋等特征。

图5-138

5. 卫衣一

图5-139表现的是超大领不对称卫衣。卫衣多采用针织面料，在表现时应尽量抓住外观特征，使其看上去与梭织服装有所差别。例如罗纹袖口和下摆较紧，其上的织物由于重量和厚度，会形成向下垂叠的外观效果。

图5-139

6. **卫衣二**

图5-140表现的是连帽系带卫衣。卫衣的造型圆顺、柔和，尤其是肩部和袖子垂顺的状态最具代表性。

图5-140

（二）系列男装

1. 春装系列

图5-141、图5-142表现的是卡通人物春装系列，是真维斯休闲装设计大赛获奖作品（作者：丁慧钰）。

图5-141

图5-142

2. 秋装系列一

图5-143表现的是秋装系列。此图采用的是人物造型较一致的平齐式构图，绘制时不用考虑人物之间动作的协调，降低了作画难度、节约了时间；在一个画面里平齐摆放人物，方便观察服装的异同（作者：王黎明）。

图5-143

3. 秋装系列二

图5-144表现的是男女秋装系列（作者：王黎明）。

图5-144

4. 舞蹈服装系列

图5-145、图5-146表现的是男女舞蹈服装系列，此系列是为舞蹈《墨舞》绘制的设计草图。

图5-145

图5-146

第三节　儿童服装表现技法

一、童装效果图步骤详解

以棉服为例进行介绍。

1. **工具与材料**

（1）马克笔。

皮肤色

头发色

围巾色

背包色

上衣色

裤子色

（2）彩色铅笔。

唇色、腮红

皮肤暗部

头发中间色

鞋子色

衣服、裤子暗部

（3）高光笔。

（4）勾线笔。

（5）铅笔。

（6）橡皮。

（7）打印纸。

2. **绘制步骤**

（1）画出铅笔稿。线条不要太重（图5-147）。

图5-147

（2）用马克笔上肤色，平涂即可（图5–148）。

（3）用红色彩色铅笔上唇色、腮红。用勾线笔刻画脸部线条（图5–149）。

（4）用马克笔上发色，平涂即可。用褐色彩色铅笔画中间色，黑色彩色铅笔刻画暗部。用勾线笔勾线（图5–150）。

（5）用浅蓝色马克笔为围巾着色，并用高光笔刻画雪花图案。用勾线笔勾线（图5–151）。

图5–148

图5–149

图5–150

图5–151

（6）用玫红色马克笔为背包着色（图5-152）。

（7）用蓝色马克笔平涂上衣，黑色彩色铅笔刻画暗部。用勾线笔勾线，线条时断时续以表现毛绒效果（图5-153）。

（8）用浅灰色马克笔为裤子着色。用黑色彩色铅笔刻画暗部并勾线（图5-154）。

（9）用浅粉色彩色铅笔与浅灰色马克笔混色，为鞋子着色。勾线并刻画鞋底阴影（图5-155）。

图5-152

图5-153

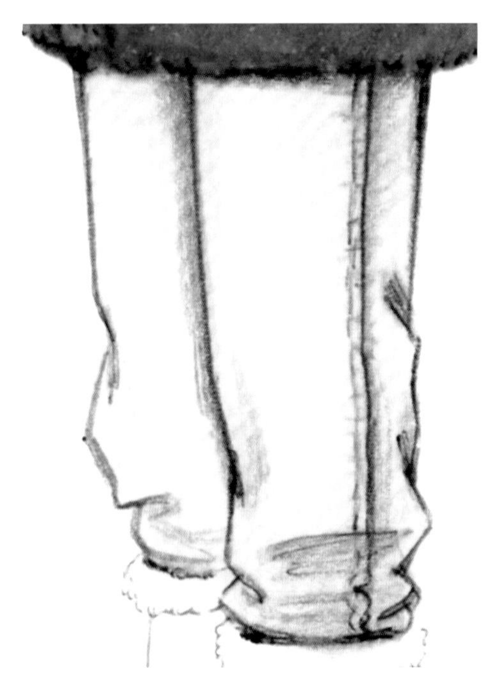

图5-154

图5-155

（10）完成稿（图5–156）。

图5–156

二、童装效果图表现实例

1. **儿童服装一**

图5-157表现的是男童棉服。6～10周岁为儿童，他们活泼的姿态逗人喜爱，顽皮滑稽的表情可以使童装看起来更加可爱。

图5-157

2. 儿童服装二

图5-158表现的是女童棉服。憨态可掬的样子和纯真的眼神也是烘托童装的有效手段。

图5-158

3. 少年服装一

图5-159表现的是少年女装。10～14周岁为少年，这个时期的孩子有了自己的思想和情绪，可以为她们设计一个场景以表现服装。

图5-159

4. **少年服装二**

图5-160表现的是少年男装。这个时期的男孩活泼好动、喜欢各种运动，可以将他们置身于适合的环境中，以更好地表现服装。

图5-160

5. **青少年服装一**

图5-161表现的是青少年女装。14 ~ 18周岁为青少年，表现这个年龄段的女孩时，要抓住青春、可爱的形象特点。

图5-161

6. **青少年服装二**

图5-162表现的是青少年男装。这个时期的男孩喜欢新鲜事物，强调自我。表现时可以辅助一些有代表性的装备、服饰配件以烘托服装的特点。

图5-162

思考题

1. 总结马克笔、彩色铅笔混合着色法的规律。
2. 结合不同服装品牌风格进行不同季节的单品设计，并绘制彩色效果图。
3. 根据不同的主题进行系列服装构思和创作。

专业知识及专业技能——

面料图案和质感表现技法

课题名称： 面料图案和质感表现技法

课题内容： 面料图案表现技法
面料质感表现技法
服装快速表现技法

课题时间： 36课时

教学目的： 让学生通过观察、思考，快速抓住不同面料外观的大感觉和主要特征，并以简洁、快速的方式表现。

教学方式： 教师课堂讲授、演示和范例分析，学生课堂和课后练习，教师指导等多种方式。

教学要求：
1. 灵活运用着色工具进行面料表现。
2. 树立刻画大的色彩关系、形态、质感的观念。避免缺乏概括和提炼，只是一味匠气写实的方式。

课前准备：
1. 教师准备演示用的纸和笔。
2. 学生准备A4打印纸，勾线用的中性笔或油性圆珠笔、各种颜色的马克笔和彩色铅笔、高光笔、铅笔、橡皮、便于携带的速写板以及不同外观特征的面料样品。

第六章　面料图案和质感表现技法

第一节　面料图案表现技法

一、动植物图案

1. 面料实物

面料实物如图6-1所示。

2. 绘制步骤

（1）画出铅笔稿。线条不要太重，如图6-2所示。

图6-1

图6-2

（2）用马克笔画出图案的底色，如图6-3所示。

（3）用马克笔细笔头画出细节，用黑勾线笔勾线，如图6-4所示。

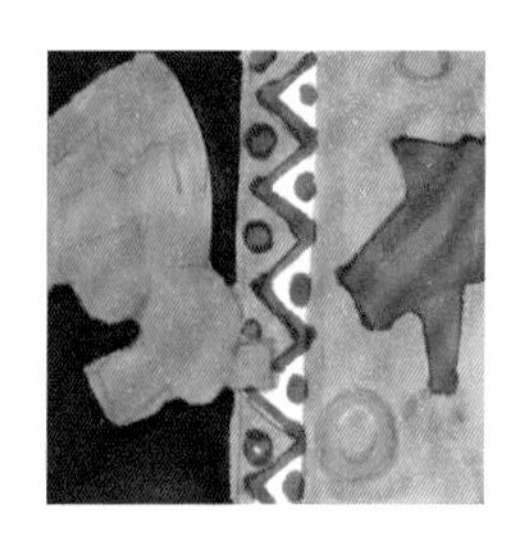

图6-3

图6-4

3. 面料应用实例

根据动植物图案面料设计的连衣裙（图6-5）。

图6-5

二、动物图案

1. 面料实物

面料实物如图6–6所示。

2. 绘制步骤

（1）用浅褐色马克笔平涂底色，用黑色彩色铅笔画出褶纹，如图6–7所示。

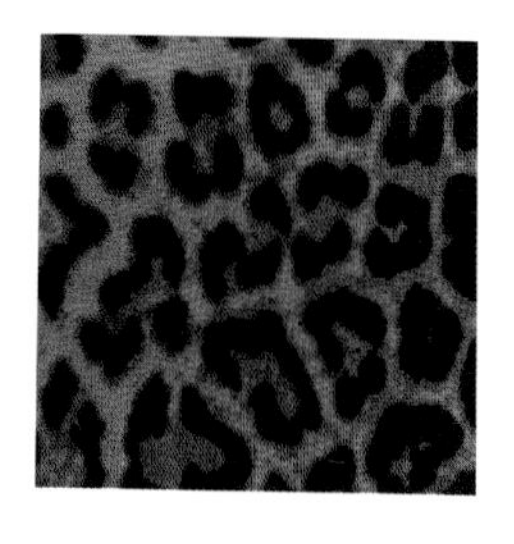

图6–6

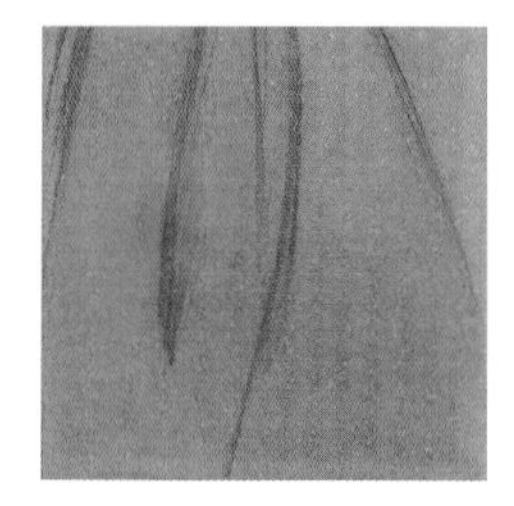

图6–7

（2）用褐色马克笔画出豹纹底色，图案呈不规则椭圆形，如图6–8所示。

（3）用黑色彩色铅笔在褐色豹纹上画出深色部分，如图6–9所示。

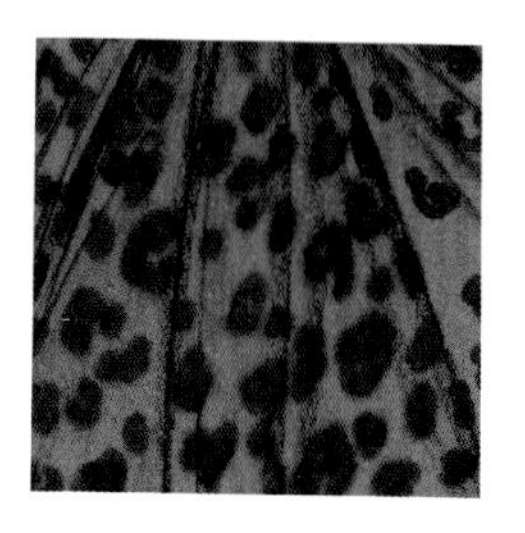

图6–8

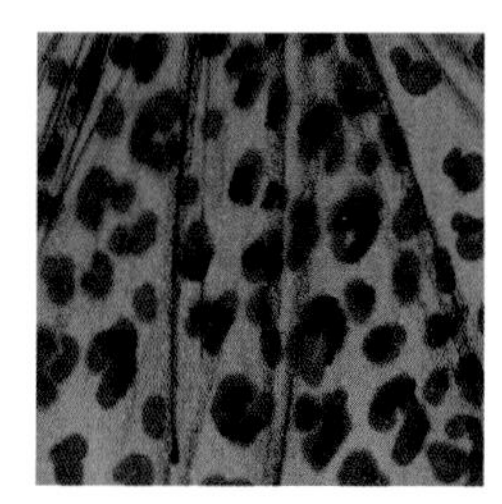

图6–9

3. 面料应用实例

根据豹纹图案面料设计的连衣裙（图6–10）。

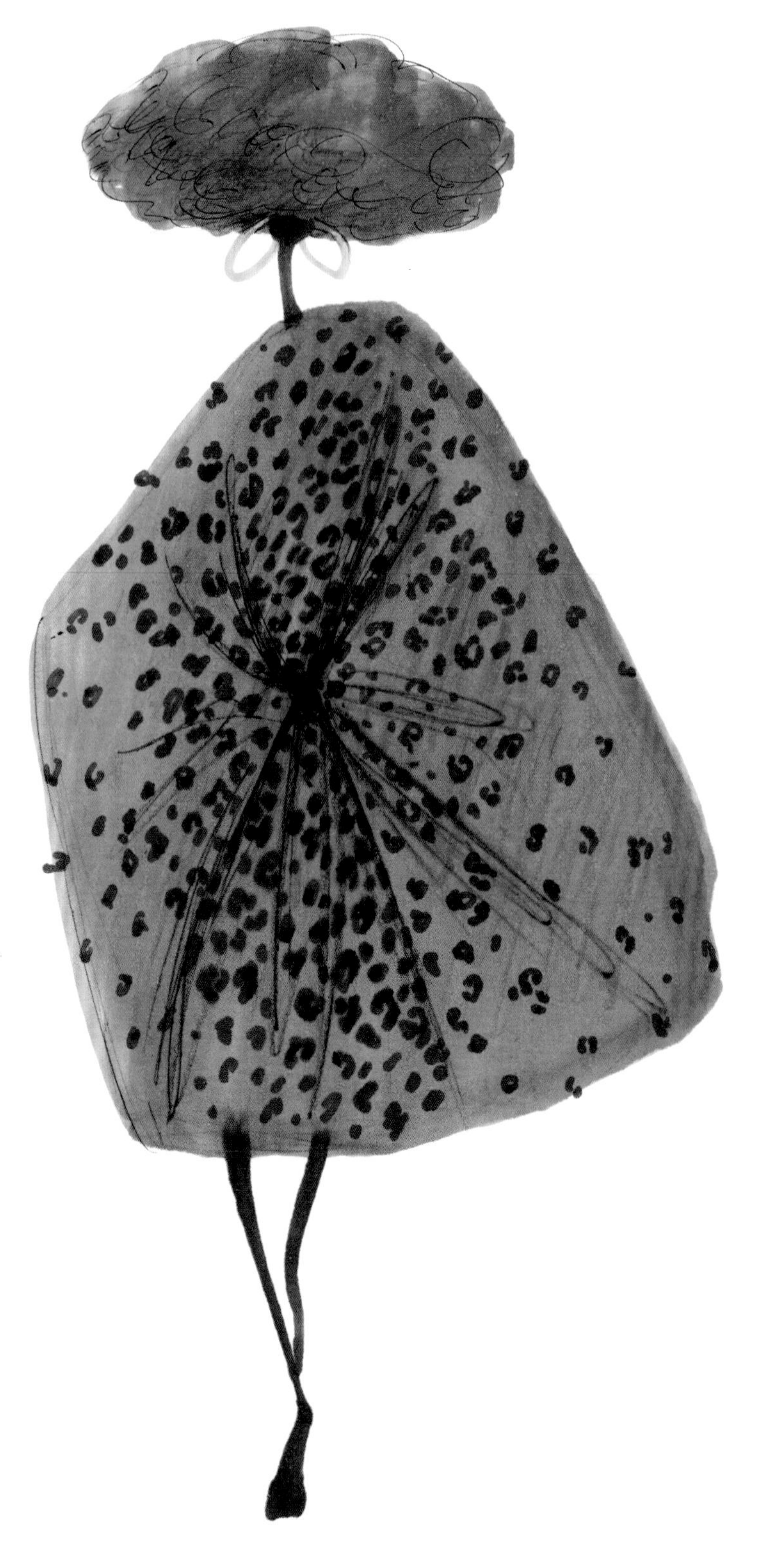

图6–10

三、几何图案

（一）小格纹图案

1. **面料实物**

面料实物如图6-11所示。

2. **绘制步骤**

（1）用马克笔画出深浅两块底色，用铅笔画出基础格纹，如图6-12所示。

图6-11

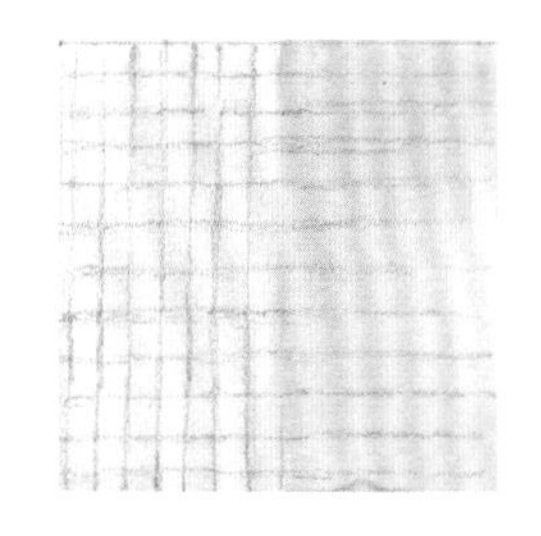

图6-12

（2）用黑色和褐色彩色铅笔进一步加重基础格纹，如图6-13所示。

（3）左半部分，用黑色和褐色彩色铅笔分别在线条的交叉点上画类似平行四边形的点。右半部分，用黑色彩色铅笔轻涂底色并在横线上画短线，如图6-14所示。

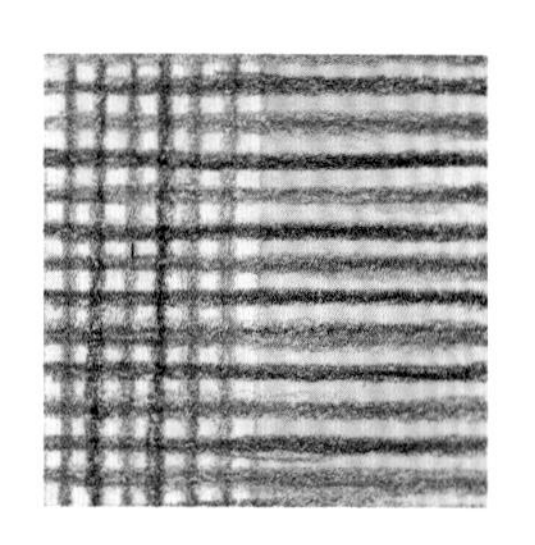

图6-13

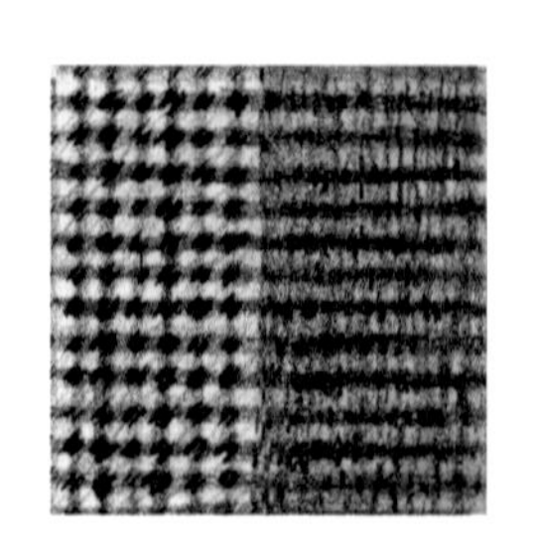

图6-14

3. **面料应用实例**

根据小格纹图案面料设计的上衣（图6-15）。

（二）大格纹图案

1．面料实物

面料实物如图6–16所示。

2．绘制步骤

（1）用中明度灰色马克笔平涂底色，如图6–17所示。

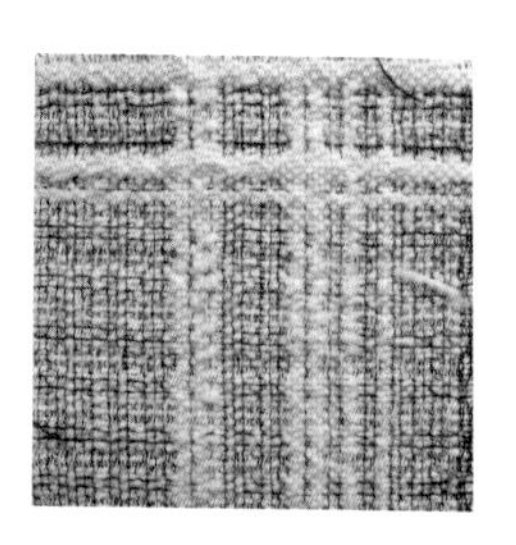

图6–16

图6–17

（2）用黑色彩色铅笔画小格纹，并在交叉点上点点，如图6–18所示。

（3）用高光笔点出大的白色方格，并随意在灰色底色上点点，以增加面料肌理感，如图6–19所示。

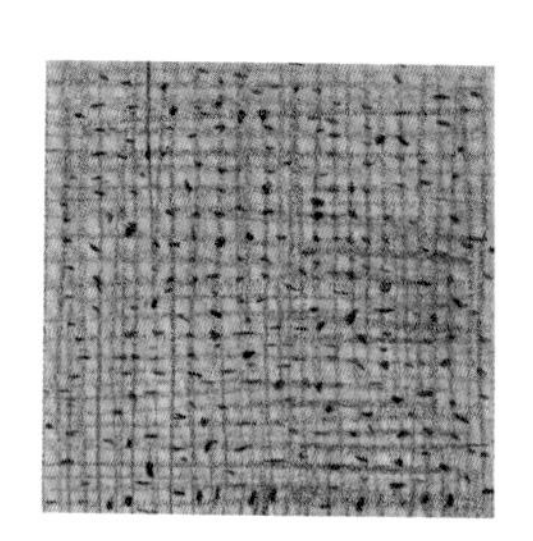

图6–18

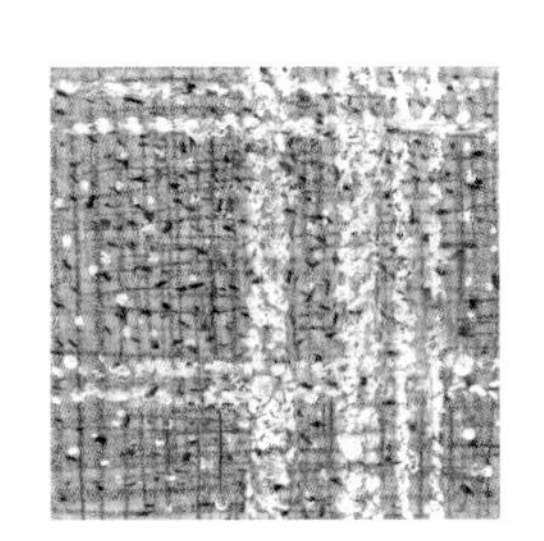

图6–19

3．面料应用实例

根据大格纹图案面料设计的上衣（图6–20）。

图6–20

（三）斜条纹图案

1. **面料实物**

面料实物如图6-21所示。

2. **绘制步骤**

（1）用黄褐色马克笔平涂底色，如图6-22所示。

图6-21

图6-22

（2）用深褐色彩色铅笔画阴影，之后用画底色的马克笔平涂，融合彩色铅笔笔触。用黑色彩色铅笔画斜格纹的大方向，如图6-23所示。

（3）用黑色彩色铅笔进一步画斜格纹，并随意在斜线上点点，以增加面料肌理感，如图6-24所示。

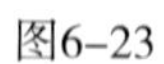

图6-23

-24

3.

（图6-25）。

图6-25

四、渐变图案

1. **面料实物**

面料实物如图6–26所示。

2. **绘制步骤**

（1）用彩色铅笔画出色彩关系，如图6–27所示。

图6–26

图6–27

（2）用彩色铅笔深入刻画色彩关系，色彩之间的衔接要自然，如图6–28所示。

（3）用浅灰色马克笔融合彩色铅笔笔触，用黑色彩色铅笔画出深色阴影，用勾线笔勾褶线，如图6–29所示。

图6–28

图6–29

3. **面料应用实例**

根据渐变图案面料设计的连衣裙（图6–30）。

图6–30

第二节　面料质感表现技法

一、薄纱面料

（一）灰色软纱

1. **面料实物**

面料实物如图6-31所示。

2. **绘制步骤**

（1）平涂皮肤色，之后用不同深浅灰色马克笔平涂不同部位的底色，如图6-32所示。

图6-31

图6-32

（2）用黑色彩色铅笔画出褶纹暗纹，如图6-33所示。

（3）用白色彩色铅笔提亮，如图6-34所示。

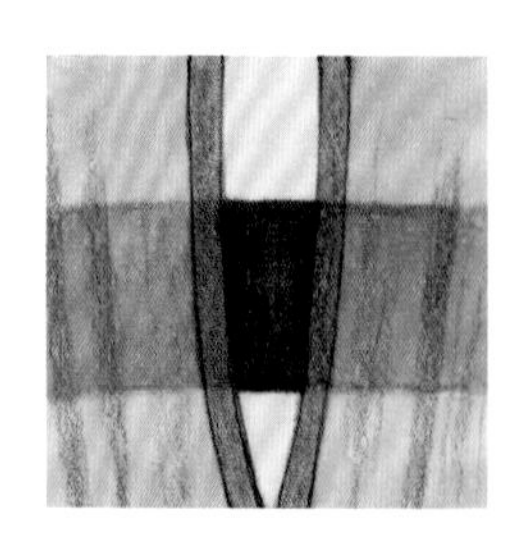

图6-33

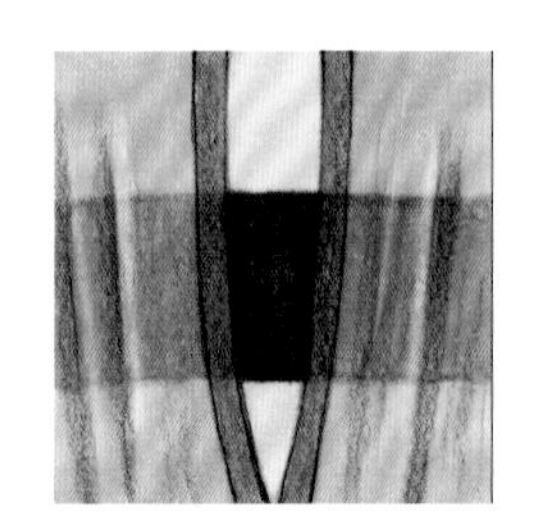

图6-34

3. **面料应用实例**

根据灰色软纱面料设计的上衣（图6-35）。

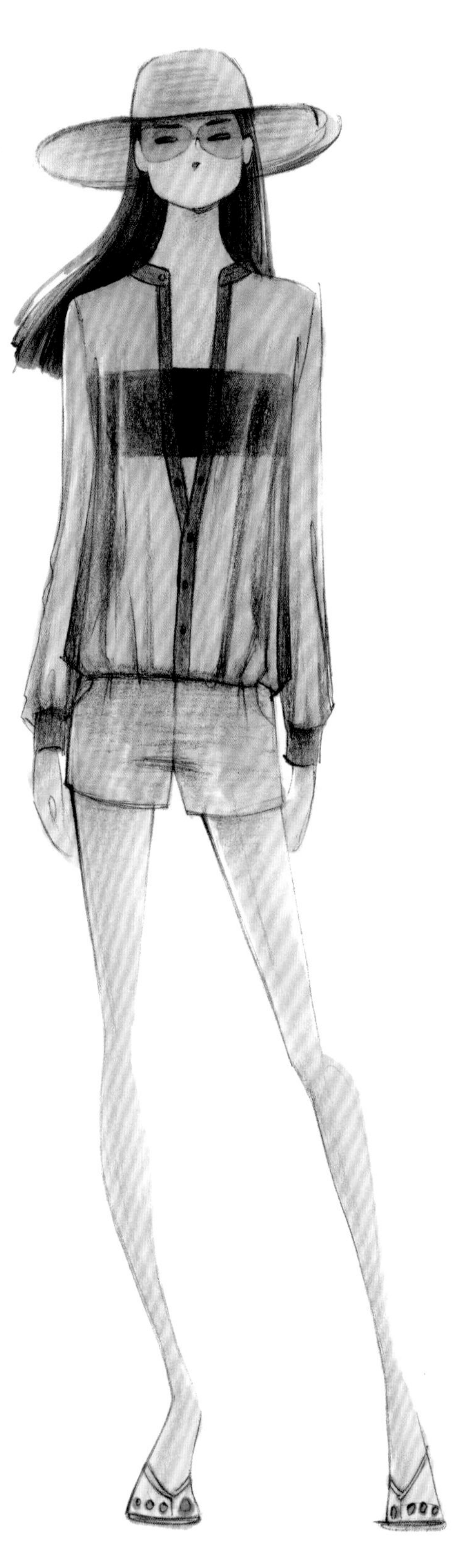

图6-35

（二）黑色硬纱

1. 面料实物

面料实物如图6–36所示。

2. 绘制步骤

（1）用深灰色马克笔为里裙着色，可在褶纹暗部多画一两遍，使之有深浅变化。用浅灰色马克笔平涂外层的纱，如图6–37所示。

图6–36

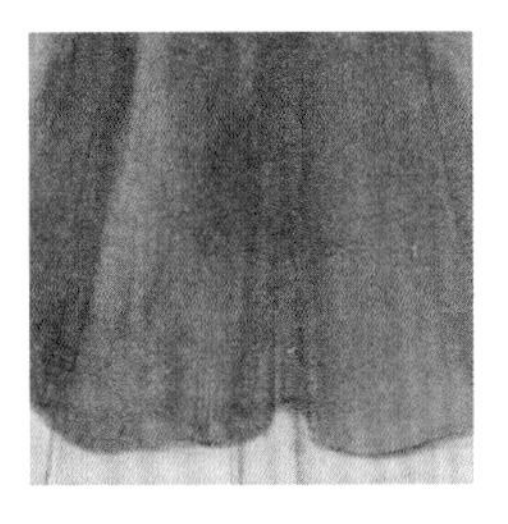

图6–37

（2）用黑色彩色铅笔画出褶纹和暗影，如图6–38所示。

（3）用白色彩色铅笔提亮，用笔要肯定利落，如图6–39所示。

图6–38

图6–39

3. 面料应用实例

根据黑色硬纱面料设计的连衣裙（图6–40）。

图6–40

二、皮革面料

1. **面料实物**

面料实物如图6-41所示。

2. **绘制步骤**

（1）用黑色彩色铅笔画出明暗关系，如图6-42所示。

图6-41

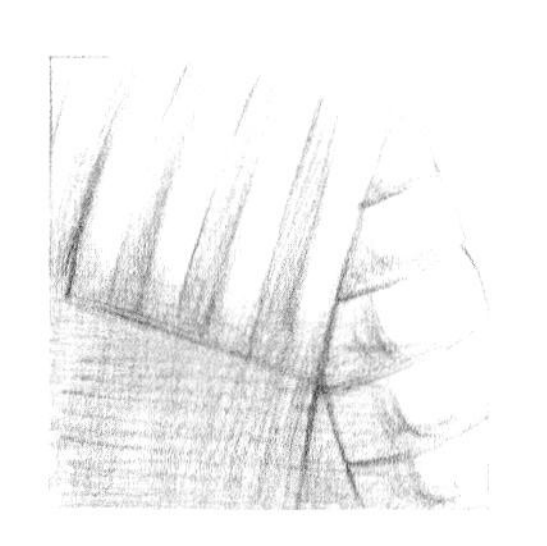

图6-42

（2）用黑色彩色铅笔进一步强调明暗关系，用中明度灰色马克笔融合彩色铅笔笔触，如图6-43所示。

（3）用黑色彩色铅笔加重明暗交界线和深色部分，如图6-44所示。

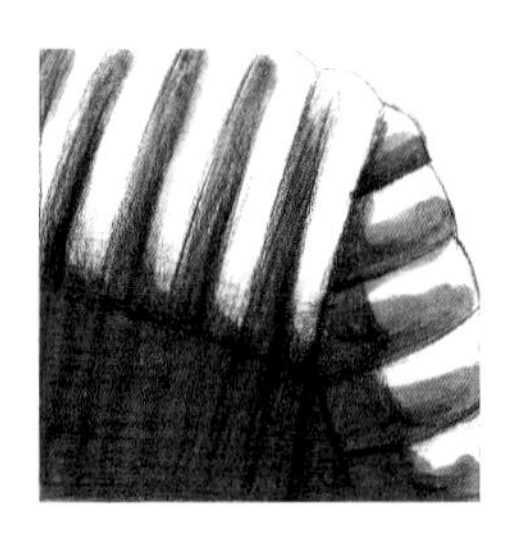

图6-43

图6-44

3. **面料应用实例**

根据皮革面料设计的上衣（图6-45）。

图6-45

三、裘皮面料

1. **面料实物**

面料实物如图6-46所示。

2. **绘制步骤**

（1）用浅灰马克笔画明暗交界线部分，如图6-47所示。

图6-46

图6-47

（2）用中明度灰色马克笔加强明暗交界线部分，边缘的部分适当保留上一步的浅灰色调，如图6-48所示。

（3）用黑色彩色铅笔刻画细毛，用笔要肯定利落，方向要一致、不要乱，如图6-49所示。

图6-48

图6-49

3. **面料应用实例**

根据裘皮面料设计的上衣（图6-50）。

图6-50

四、针织面料

1. **面料实物**

面料实物如图6-51所示。

2. **绘制步骤**

（1）用黑色彩色铅笔画出编织纹理及明暗关系，如图6-52所示。

图6-51

图6-52

（2）用蓝色马克笔平涂，如图6-53所示。

（3）用黑色彩色铅笔及勾线笔加重明暗交界线和深色部分。如有需要可用白色彩色铅笔提亮受光面，如图6-54所示。

图6-53

图6-54

3. **面料应用实例**

根据针织面料设计的上衣（图6-55）。

图6-55

五、牛仔面料

1. **面料实物**

面料实物如图6-56所示。

2. **绘制步骤**

（1）用蓝色彩色铅笔画底色、结构线，如图6-57所示。

图6-56

图6-57

（2）用浅灰色马克笔平涂一遍，以融合彩色铅笔笔触，如图6-58所示。

（3）用黑色彩色铅笔平铺并加重深色部分，明线用高光笔提亮，如图6-59所示。

图6-58

图6-59

3. **面料应用实例**

根据牛仔面料设计的裤子（图6-60）。

图6-60

六、毛呢面料

1. **面料实物**

面料实物如图6-61所示。

2. **绘制步骤**

（1）用灰色马克笔平涂底色。把打印纸揉成纸团，蘸上少许用水调和过的黑色水粉，在底色上轻轻点按，如图6-62所示。

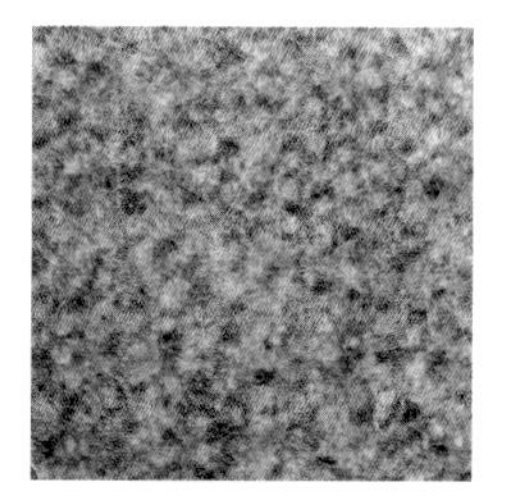

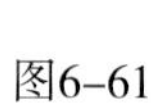

图6-61

图6-62

（2）用毛刷蘸少许偏干的白色水粉，扫在底色上，要留出部分底色，如图6-63所示。

（3）用浅灰色马克笔平涂一遍，以融合之前的笔触，如图6-64所示。

图6-63

图6-64

3. **面料应用实例**

根据毛呢面料设计的上衣（图6-65）。

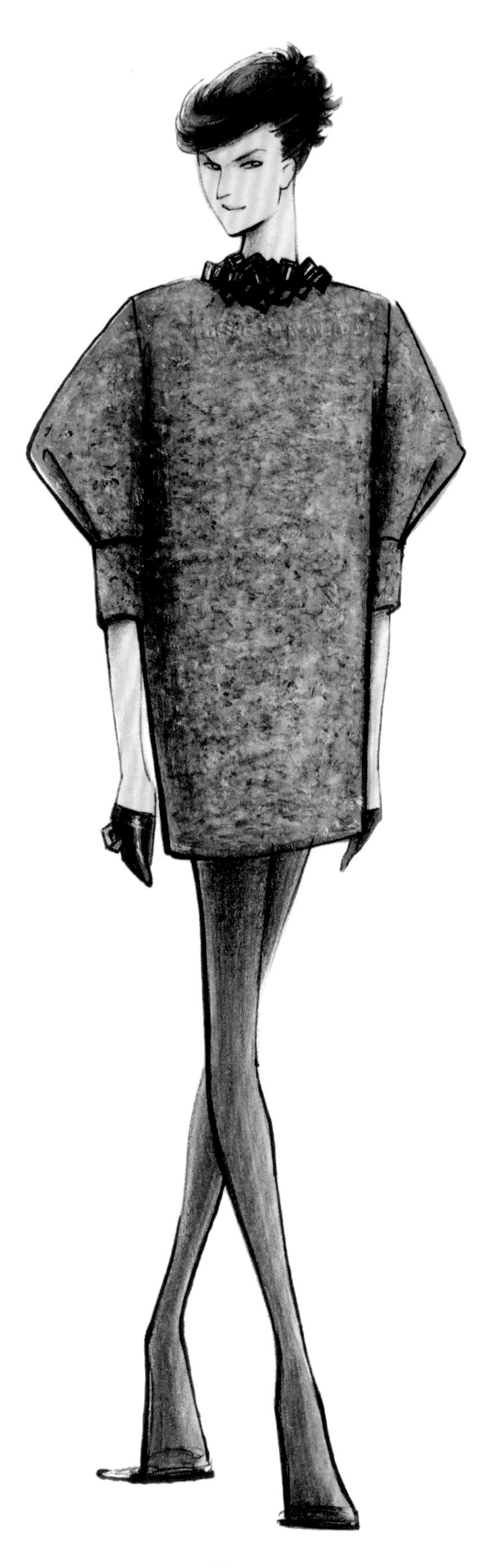

图6-65

第三节 服装快速表现技法

服装快速表现是以简练快速的方式，表现设计构思和效果的绘画形式。相较于细致深入刻画的服装效果图来说，其特点是高效快捷，更符合服装企业对高效率设计工作的要求。

一、服装快速表现要点

服装快速表现，要准确高效地表现服装中关键的设计元素，例如轮廓、局部造型、结构等，而人物造型、服装图案、材料质地等因素则简略化、概括化。同时要注意，不要为了求快而丢失了表达的准确度和美感。其表现要点如下。

（一）简化人物形象

人物的头、手、腿、脚可以简化处理，动作更不用夸张、复杂，以正面直立、半侧直立居多，便于表达服装。平时可以有意积累便于快速表现的人物形象，脸部、发型要易于快速表现。人体比例、框架熟稔于心，当工作需要时，提笔就画、不用思考，以便把时间更多地放在对服装的表达上。

（二）提取面料表面特征

通过归纳总结，提炼出面料图案的主体特征、面料质地的外观特点。很多面料的图案、色彩构成是很复杂的，如果细致写实地刻画，势必占用很多时间，速度自然提高不了。所以，在表现前，首先要远距离观察，以便于抓住图案大的构成特点、主要的色彩。在表现时更要主观处理、大胆概括、取舍和加强，画大的感觉；面料的薄、厚、软、挺等质感，在刻画外轮廓、局部造型、褶纹时，也要有意通过线条的软硬、曲直、粗细、长短表现其质地外观。

（三）简练表现形式

图案、纹理尽量简化，不求细致，但要神似；多用线，力争每条线都有用。用线条能够表达清楚服装的结构和层次，就不用刻画影调。

快速表现的本质是把复杂的事物以简单的形式表达，以上这些都为快速表现节约了时间，从而提高设计效率。

二、服装快速表现实例

许多服装公司的设计部门，设计师经常是根据已经确定的面料进行服装设计的，在此结合几款面料进行服装快速表现。

面料一

1. 面料表面特征分析

面料是粗花呢，采用多种颜色的纱线混织，呈格子纹路；色彩上，在整体的蓝黑、深棕底色中，夹杂着浅黄、草绿色，如图6-66所示。

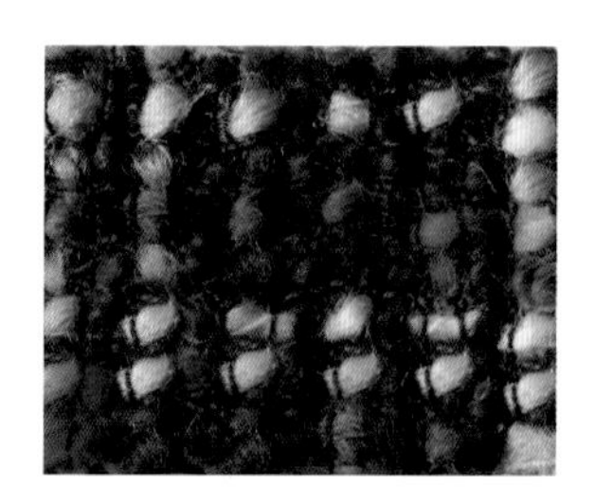

图6-66

2. 快速表现实例

表现该款面料时，强调纱线编织的纹路，以及在深色中有规律地出现黄、绿色这些特点，就能达到神似的效果。马克笔着色的特点是先浅后深，所以先把浅色系画出，以格子的形式表现编织的结构，在此基础上勾画深色系。用粗线条勾画外轮廓，以表现粗犷厚实的质地，如图6-67所示。

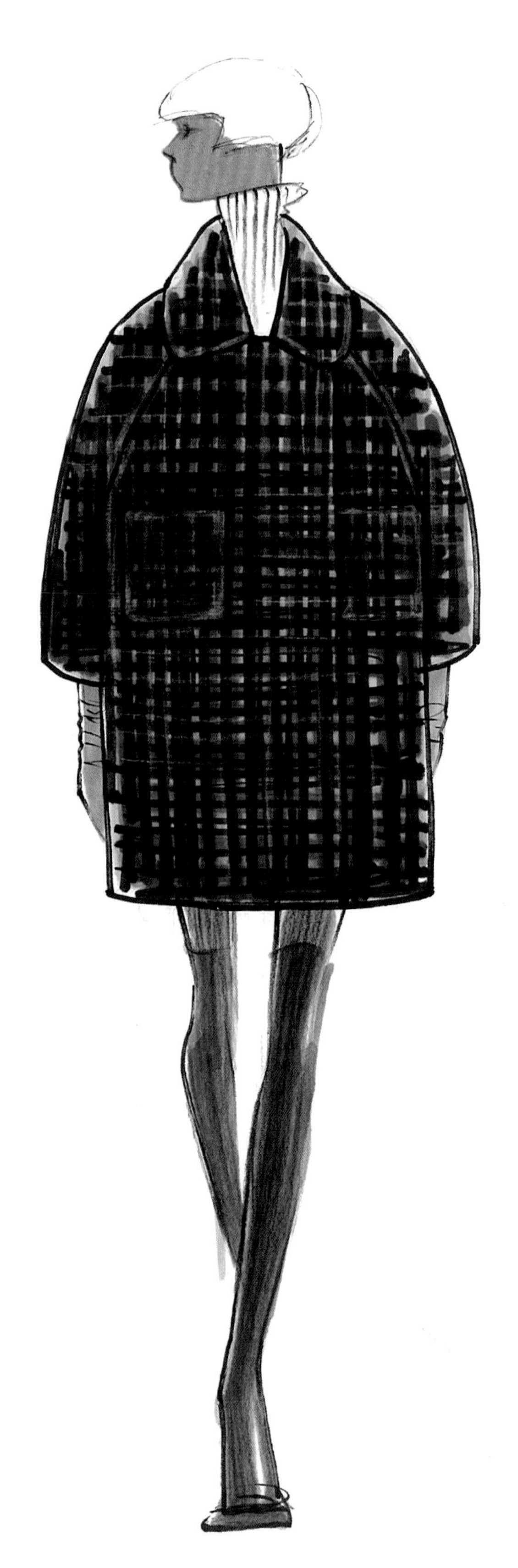

图6-67

面料二

1. 面料表面特征分析

面料是粗花呢；第一款面料采用多种黑色纱线混织，色彩统一，呈格子纹路；第二款面料采用多种颜色的纱线混织，呈圆圈状纹路。色彩上，在整体的灰棕底色中夹杂着白、浅黄、粉红等浅色，如图6–68所示。

图6–68

2. 快速表现实例

表现第一款面料时，用黑色彩色铅笔画出格子纹路；表现第二款面料时，勾画圆圈状纹路，再以马克笔画出主要的几个色彩，就能达到神似的效果。用较粗的线条勾画外轮廓，以表现松软厚实的质地，如图6–69所示。

图6–69

面料三

1．面料表面特征分析

这两款面料是斜纹棉，图案整体上呈大小不同的圆形，第一款的圆形大一些，色彩上偏明亮，各有色彩倾向，如图6–70所示。

图6–70

2．快速表现实例

表现这两款面料时，抓住图案主要的形态特征和色彩关系，就能达到神似的效果。用稍粗、爽脆的线条勾画外轮廓和内部结构，以表现平整挺括的质地，如图6–71所示。

图6–71

面料四

1. 面料表面特征分析

面料是压褶涤纶；色彩比较丰富，蓝、绿色为主色调，点缀着黄、红色，并夹杂着晕染效果，如图6–72所示。

图6–72

2. 快速表现实例

表现该款面料时，画出大的色彩关系，以及规律的褶皱，就能达到神似的效果。用彩色铅笔勾画色彩，自然地带出晕染效果。在此基础上，用无色或浅灰色马克笔平涂一遍，以融合彩色铅笔笔触。用黑色彩色铅笔，快速勾画褶纹。用较细、利落的线条勾画外轮廓和内部结构，以表现轻薄挺爽的质地，如图6–73所示。

图6–73

面料五

1. 面料表面特征分析

面料是较厚的粗线棒针编织材料，平针组织加花色组织，花型立体突出，如图6–74所示。

图6–74

2. 快速表现实例

表现该款面料时，对立体突出的花型重点刻画，画出花型的形态和穿插走向；平针组织部分，用简单的直线就可以概括表达。用柔软、浑圆的线条勾画外轮廓，以表现粗厚松软的质地，如图6–75所示。

图6–75

思考题

搜集多种面料样品，分析其外观特征并找出适合表现的方式。